Entlarvung

PIA KLEMP

ENTLARVUNG

Roman

ventil

Pia Klemp, Jahrgang 1983, ist gesellschaftskritische Schriftstellerin, strafverfolgte Kapitänin, vernarrte Landstreicherin, umtriebige Veganarchistin und passionierte Misanthropin. Neben ihrer Arbeit in der Tierbefreiung ist sie in verschiedenen antifaschistischen Projekten aktiv. Jüngst war sie Teil des anarchofeministischen Kollektivs, das das Schiff Louise Michel für die zivile Seenotrettung im zentralen Mittelmeer klarmachte. Wenn sie sich nicht gerade mit der Festung Europa oder verblödeter Heldenerschaffung herumschlägt, trägt sie den Kampf um Liebe und Revolution auch auf das literarische Parkett, unterbricht Männer beim Reden oder schaut Hochständen dabei zu, wie sie von ganz alleine umfallen.

1. Auflage März 2021

ISBN 978-3-95575-142-5
Lektorat: Jonas Engelmann
Covermotiv: Raoul Doré
Gestaltung und Satz: Oliver Schmitt
Druck und Bindung: maincontor GmbH

Ventil Verlag, Boppstraße 25, 55118 Mainz
www.ventil-verlag.de

»Je suis ambitieuse pour l'humanité; moi je voudrais que tout le monde fût artiste, assez poète pour que la vanité humaine disparût.«
– *Louise Michel, Plädoyer vor dem Schwurgericht in Paris (1883)*

»Down in the valley, there were three farms. The owners of these farms had done well.
They were rich men. They were also nasty men.
All three of them were about as nasty and mean as any men you could meet.«
– *Roald Dahl, Fantastic Mr. Fox (1970)*

Imago

Es ist fraglich, ob ihr Ableben gegen ihren Willen, oder zumindest ohne ihr Wissen, vonstattengehen würde. Sie waren ja bereits, ohne je nach ihrer Meinung gefragt zu werden, in diese Welt hineingeboren worden. Genauso unverhofft konnte man auch wieder aus dieser Existenz hinauskomplimentiert werden. Mit etwas Glück.

Dass selbst Sterbezeugnisse dazu neigen, zwar die Frage nach dem *Wie*, aber nicht nach dem *Wozu* zu beantworten, irritiert niemanden sonderlich. Im besten Fall zieht sich eine Augenbraue hoch, im schlimmsten wird die Erkenntnisnot in Trauer ertränkt und man beschränkt sich auf die Inszenierung des Abgangs. Ein Stück, das beim Fallen des Vorhangs plötzlich nur noch aus dem letzten Akt besteht.

Bis es soweit ist, füllen sie emsig die Stunden, Tage und Jahre, die zwischen diesen vermeintlich wichtigen Ereignissen der eigenen Geburt und des Todes liegen. Sie geben all ihr Streben und Bewusstsein in diese makabre Realität hinein, pressen mit verkrampftem Kiefer in jede Sekunde eine Wahrhaftigkeit und erwarten tatsächlich, dass sich ein Sinn daraus formt. Oder sie verweigern sich schlechthin der Anerkennung der ihnen auferlegten Willkür eines Lebens, indem sie narkotisch auf nichts warten und nichts erwarten.

Gleichwohl rennen alle der Liebe nach, lachen und schreien, haben eine Idee von sich selbst und von anderen, bringen den Müll raus und kommen nicht umhin, dabei Menschen mit dem exakt gleichen Problem anzutreffen.

Dieser vermaledeite Rest der Welt, mit dem sie sich auseinandersetzen müssen. Jeder Einzelne ein Beweis, ein Paradebeispiel pathologischer Unwissenheit, so dass man zur allgemeinen Entspannung lieber Unsterblichkeit vorgibt.

In dieser Wahnvorstellung ist es angenehmer, man redet nicht darüber (nicht über den Uterus meiner Mutter und noch viel weniger über meine anstehende Verwesungsfäule) und überspielt die Konsequenzen mit Menschsein. Man tut alles, um das Absurde zu vertuschen. *Welch tragisch komisches Schauspiel!* Untereinander, ineinander, gegeneinander, miteinander, selbst ohneeinander machen sie sich etwas vor. Ein Geflecht aus Milliarden Vorstellungen, die Schimäre einer Gesellschaft, die selten ohne Blessuren zu bewältigen ist.

Es ist gleich, ob sie das gut finden oder nicht, ob sie all die Masken herunterreißen oder auftragen wollen. Am Ende würden sie nichts ändern, oder eben doch alles, weil sie die Illusionen töten.

Probieren wir es aus.

1

Rubi lag mit zur Seite gewandtem Gesicht auf ihrem Bett und beobachtete die Falten des Frotteelakens, die sich unter den Bewegungen ihres Beckens zu immer neuen Mustern strafften. Mechanisch griff sie in Codys Haar und drückte seinen Kopf tiefer zwischen ihre Beine. Das hier war auch nicht schlechter als die Beziehungen, die sie vorher gehabt hatte.

Ein eisiger Hauch Winterluft zog durch das gekippte Fenster und verlor sich in den trockenen Schwaden ihres überheizten Schlafzimmers. Sie zog gelangweilt eine Schnute und fühlte weder sich noch ihn. Die Stadt, die sich außerhalb der verrußten Hauswand befand (eine Wand, die von nicht viel mehr erzählen konnte als von den Krebserkrankungen der Arbeiter, die die Asbestplatten zugeschnitten hatten), interessierte das alles nicht und hielt in ihrem Treiben nicht inne. Wie bei jedem schwarzen Loch war es für den, der nicht selbst hineinfiel, unmöglich, je etwas darin verschwinden zu sehen.

Es herrschte eine merkwürdige Trennung zwischen Rubis Kopf und dieser Zunge, die sich zwischen ihren Schamlippen verlor. Rubi schielte auf die Uhr auf ihrem Nachttisch und wartete darauf, dass es vorbei war. Selten glaubte sie sich so alleine wie beim Oralverkehr. Niemand hatte ihr bisher das Gefühl gegeben, sie sei dabei wirklich anwesend. Ihr war es, als ginge es darum, dass er es war, der sie befriedigte, nicht dass sie befriedigt wurde. Ihr Schoß lieferte lediglich die Bühne für sein Können. Ganz leise fragte etwas Unterbewusstes, ob sie benutzt würde. Sie überhörte es ohne Mühen. Es war einfacher mitzumachen, als sich zu erklären. Man unterdrückte ja auch eher den Würgereiz, wenn man einen Schwanz im Mund hatte, als ihn zuzulassen.

Die leichten Vorhänge raschelten verschämt neben den Spiegelungen im Fenster, als würden sie sich vor dem hier Vorgeführten schließen wollen. Aber Rubi hatte nichts zu bemängeln. Die beiden hatten einen Deal und manchmal taten sie so, als sei es wahr. Taten so, als hätte die Suche nach Verbundenheit in diesem Bett ein Ende gefunden. Darum strampelten sie, um so viel wie möglich vom anderen zu ergattern, vögelten und konsumierten sie sich gegenseitig in diesem egoistischen Gemeinschaftswerk.

Sein Grunzen und Schmatzen begleiteten das rhythmische Zucken seiner Rückenmuskulatur, als er sich hingebungsvoll um ihr Geschlecht wand. Er dachte daran, dass er die kaputten Bluetooth-Boxen nur noch diese Woche umtauschen können würde. Vorher musste er sich noch gut überlegen, welche er stattdessen haben wollte und machte sich eine geistige Notiz, die Bewertungen dieses Mal besser zu studieren. Die bald manische Erregung, die er beim bevorstehenden Erwerb verspürte, war das Einzige, was ihn aus der Niedergeschlagenheit des Nichtbesitzens erlösen konnte. Er würde das unterwürfige Geräusch vermissen, das ihm der Lautsprecher bei jedem Anschalten digital entgegentrommelte. Es war nicht so wichtig, die nächsten würden besser sein.

Ein winziges Stöhnen, das Rubi selbst überraschte, entwich ihrer Kehle. Und mehr noch als das mutmaßliche Attest ihrer Lust überraschte sie, wie automatisiert alles an ihr diese Nummer mitspielte. Sie reckte das Kinn, atmete tief ein und kam nicht umhin, die Spinnweben an der gedimmten Deckenlampe zu bemerken. Aschfahles Lametta, das in der aufsteigenden Thermik verhalten wehte. Sie täuschte einen Orgasmus vor, so viel schuldete sie ihm. Trotz aller Einfallslosigkeit schien ihr die Abgeklärtheit ihrer Verbindung fair und sie konnten getrost zum nächsten Punkt übergehen.

Cody setzte sich auf und generös schenkte er ihr ein feuchtes Grinsen aus perfekten weißen Zähnen. Er fand sich selbst geiler als alles andere. Rubi wusste das und es scherte sie nicht, viel eher beliebäugelte sie ihn mit gesunder Distanz. Und sie musste das Lächeln ja auch nicht erwidern. Sie glaubte nicht, dass sie in derselben Liga spielten. Und hätte sie je gefragt, hätte er ihr wohl recht gegeben. Trotzdem, oder vielleicht auch deswegen, wollte sie ihn. Fürs Jetzt und vielleicht noch ein wenig länger. Während er sich auf der Bettkante, ihr den Rücken zugedreht, den Gummi überstreifte, richtete sie sich ihr struppiges schwarzes Haar und sammelte ein bisschen Spucke im Mund.

Das fade Zimmer, spärlich eingerichtet und ebenso spärlich dekoriert, wurde noch enger und auch das war okay. An den Wänden hing einzig eine alte Lithographie von Forstinsekten; tapfer versuchte die Zierbrombeere auf der Fensterbank etwas Leben in die Bude zu bringen. Rubis Blick blieb am Setzkasten über dem schmalen Pult in der Ecke hängen. Die getrockneten Löwenmäulchensamen, die wie lustige Narrenköpfe aussahen, waren von einem Windstoß aus ihrem hölzernen Fach getragen worden, und lagen verstreut auf Tisch und Boden. Sie würde es später richten. (Vor mehr als 25 Jahren hatte ihr Oma Anni den Holzkasten geschenkt. Seitdem stellte sie allerhand Schätze darin aus, wie den Rosenquarz, eine putzige Drachenfigur aus Ton, das Bruchstück eines Fossils und den Emaille-Anhänger aus Prag.) Vielleicht würde sie auch noch ein paar Blüten pressen, wenn sie sowieso schon dabei war.

Cody schwang sich über sie und strich sich mit seiner manikürten Hand über den Musculus pectoralis: »Ok?«

»Ok«, stimmte Rubi zu und er drang in sie ein.

»Uhh yeah«, griente Cody mit hochgezogenen Lefzen.

Seine dichten Locken waren zerzaust und rahmten sein gutes Aussehen. Dieses Mal lächelte Rubi zurück und schloss die Augen. Es beruhigte ihren Körper. Ihre Haut wollte berührt werden und ihr Geist das Irrlicht heraufbeschwören, man besäße noch Instinkte. Ihr Ausbruch in sexuelle Befriedigung garantierte ihr kein Glück, aber er machte es einfacher, die Abwesenheit des selbigen zu leugnen, und draußen kreischte der Wind.

Cody hatte einmal erzählt (und normalerweise redeten sie nicht viel), dass er es nicht immer leicht hatte, es nie Geld in seiner Familie gegeben habe. Und ohne dass sie es wollte, landeten ihre Gedanken im Substrat bei ihren Engerlingen, die Stauwärme nicht mochten. Ein Umstand, der beachtet werden wollte, denn das Larvenstadium ist das einzige, in dem Käfer wachsen. Abhängig von den Bedingungen dieser Epoche ihrer eindrucksvollen Metamorphose war der ausgewachsene Käfer am Ende dann groß oder eben nicht.

Cody war ein latent eitler Gockel, der immer aufpassen musste, sich mit genug Prunk und Protz zu schmücken. Gehetzt von der Sorge, es könnte doch noch jemand merken, was für ein Wicht er war. Vor allem er selbst könnte es bemerken, befürchtete er sicherlich, befürchtete Rubi wiederum fälschlicherweise. Es war ausgeschlossen, dass er je genug haben würde. Und so hatte sie sogar in Erwägung gezogen, ihm die Armbanduhr zu kaufen, die er unbedingt haben wollte. Um seine Gier zu stillen, um ihn glücklich zu machen. Er dachte eigentlich nie an sie, und wenn, dann ging es darum, was er mit ihrem Geld machen würde. Er meinte das nicht böse, kein Stück, er war nur gut organisiert.

Cody bewegte sich jetzt schneller. Im Wandspiegel sah sie sich und ihm zu. Sie machten es immer so, dass Rubi kam, wenn er auf ihr lag. Also wirklich kam, aber das wusste natürlich nur sie. Und wenn er ihr ins Ohr flüsterte, so wie sie es ihm gesagt hatte, dann verspürte sie ihre eigene Wollust und ihr Körper bebte. Danach war Cody dran, das war die unausgesprochene Abmachung, von hinten. Sie wusste nicht, ob er das bei anderen Frauen auch so handhabte und ob das einen Unterschied für sie machen würde. Sie hielt sich mit solchen Gedanken nicht auf, um ein unerträgliches Maß an Erkenntnis zu vermeiden.

Sie sah Codys zufriedene Miene im Spiegel, die nur ihm selber galt. Solange er die Augen offenhalten konnte, schaute er sich selber zu, bevor er schließlich lautstark kam. Unter dem schweren Deckmantel seiner Schau war kein Raum für den Unterschied zwischen Selbstsucht und Selbstliebe. Auch das konnte Rubi einerlei sein in dieser Amour, die scheinheiliger als Katzengold war. Sie untersuchte derweil ihr eigenes Abbild, betrachtete ihren dürren Körper mit den flachen Brüsten und die ersten grauen Strähnen, die ihr Haar melierten, obwohl sie erst Anfang dreißig war. Sie fand sich weder hübsch noch hässlich, war indifferent ihrem Aussehen gegenüber. So indifferent wie die Stadt es weiterhin gegenüber allem war und mit der unendlichen Zeit jenseits des Ereignishorizonts verweilte.

Cody küsste sie, auch das war abgesprochen, und als er sich von ihr löste, glaubte sie eine Spur Verachtung in seinen Augen zu erkennen. Nun, da das Trugbild der Nähe hinter ihnen lag, waren sie sich fremder als noch davor. Er verschwand unter der Dusche. Alles war paletti und Rubi voller egaler Emotion. Wie ein Seestern lag sie auf der Matratze und ließ ihre Gedanken schweifen. Morgen würde sie eine Stunde früher im Museum aufhören, um pünktlich bei ihrer Schwester zu sein. Zu allem Überfluss fiel ihr ein, dass sie auch noch die Liste für Dr. Prizrak anfangen musste, sie hatte es ihm und Raffaela versprochen. Sie hatte keine Lust, viel lieber würde sie den ganzen Tag mit ihren Käfern verbringen.

Als sie Cody aus dem Badezimmer kommen hörte, zog sie die Decke über sich. Der Moment fingierter Verbundenheit war vorüber und zog den der Scham ächzend hinter sich her. Doch auch damit war sie vertraut, erwartete nichts anderes.

»Ich bin dann jetzt weg«, sagte Cody, frisch rausgeputzt in seinem fordernden Habitus. Rubi drehte sich zum Nachttisch, hielt dabei das Duvet mit einem Arm über ihrem Busen fest und reichte ihm den Umschlag vom Bett aus.

»Danke«, sagte sie und meinte es so.

Nie gab sie ihm die 150 Euro offen, als müssten sie vor sich selbst geheim halten, was da für ein Geschäft zwischen ihnen lief. Cody öffnete das unverklebte Kuvert und schaute schnell nach, ob alles da war. Sie hatte ihn noch nie betrogen.

»Viel Glück beim Rennen«, wünschte sie ihm.

Ein seltenes ehrliches Lächeln zierte sein schönes Gesicht beim Gedanken an die Trabrennbahn und die Elite, unter die er sich diesen Sonntag mischen würde: »Danke.«

Er nickte ihr zu und gönnte sich einen letzten gefälligen Check im Spiegel: »Bis nächste Woche.«

Und Cody war zur Tür hinaus.

*

Mit dem Handtuch wischte sie die Kondensation vom Badezimmerspiegel und fand ihr blasses Gesicht dahinter. Wie jeden Mittwoch nahm sie sich den feinen Kamm, striegelte ihren Pony glatt und schnitt ihn gewissenhaft mit der kleinen, scharfen Schere aus ihrem Präparationsbesteck gerade. Die kurzen Spitzen kitzelten auf ihren Wangen und sie pustete sie mit vorgeschobener Unterlippe weg. Rubi legte ihr Haar zurecht, sog die Backen ein, streckte das Kinn und befand das Ergebnis für gut. Dann trug sie die Tagescreme in kreisenden Bewegungen auf und hängte den blaugrauen Bademantel an den Haken an der Tür.

Wie jeden Tag frühstückte sie Müsli, Kaffee und eine Banane mit ein wenig Zimt. Im Hintergrund lief das Radio, vor den Fenstern war es schwarz. Der Winter hatte die Sonne noch im Schwitzkasten, ließ sich von den ersten Liebesgesängen der Amseln nicht beirren und klammerte an der Dunkelheit solange er irgend konnte. Die Wohnküche machte das nur umso gemütlicher und der Wasserkocher blubberte zustimmend im Hintergrund.

Beim Schütteln der Milchtüte hörte sie lediglich einen letzten verlorenen Rotz darin schwappen. Mit einem Schulterzucken kippte sie die Milch über das Müsli und füllte die Schale mit Wasser auf. Der gefällige Popsong im Radio kam zum Ende und machte Platz für die 7-Uhr-Nachrichten. Sie gähnte, streckte sich auf ihrem Holzstuhl und entlockte ihm damit ein wehleidiges Knarzen. Ein Politiker hatte irgendetwas gesagt, die Gewerkschaft erzürnte das. Rubi nahm die Schüssel zum Mund, um den letzten Rest Milchwasser zu trinken, der Urwald brannte hektarweise und sie machte das Radio aus. Sie hatte keinen besonderen Grund, so früh aufzustehen.

Nachdem alles gespült und weggeräumt war, benetzte sie das torfige Bodensubstrat mit der Sprühflasche, bedacht, die Larven darin nicht zu ertränken. Das Terrarium mit den Rosenkäfern stand normalerweise im Museum, als Teil der Lebendausstellung. Aber Frank, zuständig für die lebenden Exponate, war im Urlaub und der neue Nachtwächter hatte schon zweimal die Heizung ausgestellt. Rubi hatte es für besser befunden, die Käfer zu sich nach Hause zu nehmen, bis Frank wieder da wäre. Sicher war sicher.

Es war schön, sich zur Abwechslung um noch Lebende zu kümmern. Bei ihr im Präparationsatelier waren alle starr, das war der Sinn der Übung. Am Ende des Tages machte sie oft einen Abstecher ins Vivarium in der großen Halle und freute sich am Gekreuche und Gefleuche, ganz ohne Melancholie.

Mit geschickten Fingern legte sie die Apfelscheiben unter den abgebrochenen Ast und summte dabei Alex Camerons *Running Out of Luck* vor sich hin. Rubi wunderte sich, warum es dieses Gefühl nicht in echt gab. Es existierte nur in der Musik. Das war nicht weiter schlimm, bloß eine Feststellung. Man konnte Farben schließlich auch nicht schmecken. Aber wenn es sie gäbe, dann müsste sie sich genauso anfühlen, diese Liebe. Für einen kurzen Moment tanzten ihre Gefühle nichtsahnend am Rande des Wahnsinns, ohne die mögliche Tortur ihrer Klausur auch nur zu erahnen. Alles, was Rubi wusste, war, dass sie gespannt war, wie viele Rosenkäfer sie am Ende in ihrem Terrarium haben würde.

Sie schob den lieben Gedanken also beiseite und pflückte die Obststückchen des Vortages aus dem Torf. Drei der alten Imagines waren noch übrig und nachdem sie pflichtbewusst die Eier abgelegt hatten, störten sie auch nicht weiter. Ihre ausgewachsenen Exemplare von *Pachnoda cordata* hatten eine vortreffliche Färbung, wie Rubi fand, aus sattem Gelb mit schwarzbraunen Flecken, die sich klar auf dem Panzer abzeichneten. Mit ihren kleinen kräftigen Beinen kletterten sie auf dem Pflanzenwuchs herum und sahen dabei aus wie edelster Konfekt.

Rubi hatte darüber nachgedacht, ihnen Namen zu geben, wo der Art doch schon der Trivialname fehlte, konnte sich dann aber doch nicht dazu durchringen. Wenn, dann würde es sich eher lohnen, die Larven zu taufen, die den längeren Zustand im Käferleben ausmachten. Da die Kreaturen noch in den Eiern steckten, eilte es nicht damit.

Sie schraubte das Marmeladenglas mit Essig-Äther auf, den sie im Museum abgefüllt hatte, fischte mit einer flinken Bewegung den stattlichsten Käfer aus dem Terrarium und warf ihn in das Glas. Der Geruch der fruchtigen Dämpfe stieg ihr in die Nase und die olfaktorische Vertrautheit erfrischte sie. Sie schraubte den Deckel wieder auf das Gefäß und hielt es zur genaueren Betrachtung hoch. An der gefärbten Längsrinne am Bauch des Insektes konnte Rubi erkennen, dass es das Männchen war, das in der Flüssigkeit um sein Leben strampelte. Tatsächlich würde der Äther ihn nur betäuben, er war zu groß, um so schnell darin zu sterben. Dafür würde sie ihn einfrieren.

Sie wollte dem armen Ding nicht weiter bei seiner Misere

zusehen und so ging sie ins Schlafzimmer, um sich fertig zu machen. Als sie sich nach ihren Schuhen bückte, fand sie auf dem Boden die Liste für Dr. Prizrak und einen weiteren Löwenmäulchensamen, dessen Pollennarbe abgebrochen und mit dem Verlust seiner langen Nase vom Narrengesicht zum Schädel gewandelt war. Schnaubend betrachtete sie die Gegenstände in ihrer Hand, setzte an, den Samen mit seinen hohlen Augen und dem wehklagend geöffneten Mund wieder in den Setzkasten zu legen, überlegte es sich anders und steckte ihn, bar einer besseren Idee, in ihre Hosentasche.

Dann starrte sie auf die Liste für ihren Therapeuten. »Die Liste ist für Sie«, hatte er kulant gesagt. Es fühlte sich nicht so an. Sie las die Überschrift zum zwanzigsten Mal und wusste immer noch nicht, was sie darunter hinzufügen sollte. *Meine Erkenntnisse aus dieser Woche*. Statt auch nur ein Wort zu Papier zu bringen, hatte sie die Aufgabe sorgsam zweimal unterstrichen und das Blatt mit Schnörkeln umrahmt.

Sie war genervt. Genervt davon, dass ihre Schwester sie dazu gedrängt hatte, diese Therapie zu machen. Sie wusste noch nicht einmal wozu. Raffaela hatte sich bekümmert gezeigt, dass Rubi keine Ambitionen zu haben schien, keine Freunde, nichts, was ihr Spaß machte. Sie sei zu unbeteiligt. Eigentlich meinte sie, es sei inakzeptabel, dass Rubi kein gesellschaftlich relevantes Leben hatte und das noch nicht einmal anstrebte. Es fehlte nur noch, dass sie mit dem Fuß aufstampfte. »Meine Schwester ist kein Kauz«, hatte sie lachend gesagt und Rubi hatte an dem nervösen Zucken in ihrem Augenwinkel erkannt, dass es ihr bitterernst damit war.

Ein tatsächliches Problem sah Rubi nicht, aber sie würde fast alles tun, um ihre große Schwester glücklich zu machen, um sich nicht ständig mit ihr messen und dabei verlieren zu müssen. Früher hatte sie sich inbrünstig abgestrampelt, Raffas Schema zu entsprechen. Hatte Freunde, die sie nicht einmal leiden konnte, mit nach Hause gebracht und sich beim Sambatanzen angemeldet. Heute unterhielt sie nur noch eine Fata Morgana der Gefallsucht, weil sie es leid war, sich zu erklären und vorführen zu lassen. So ging sie jetzt einmal die Woche zu Dr. Prizrak in die Gesprächstherapie, ohne zu wissen, worüber sie reden sollte oder wie sie seine Fragen richtig beantworten konnte (er hatte ihr versichert, es gäbe keine falschen Antworten, aber das glaubte sie nicht). Was sollte sie denn für Erkenntnisse haben? Es war eine Woche wie jede andere in ihrem Leben. Was änderte das? Sie nahm sich den Kugelschreiber vom Pult und schmierte in groben Lettern auf das Papier: *Ich habe vergessen Milch zu kaufen, verdammt.*

Beseelt, die verbleibenden Tage nicht mit der Darbietung einer Autopsie ihrer Innenwelt verbringen zu müssen, schlüpfte sie in ihre Schuhe und ging zurück in die Küche. Ohne Umschweife holte sie den besinnungslosen Käfer aus seinem einschläfernden Bad, legte ihn auf eine Untertasse und steckte ihn ins Tiefkühlfach. Sie war zufrieden. Es wäre pervers, den schönen Kerl bei vollem Bewusstsein umzubringen.

*

Das Schutzblech des alten Fahrrads klapperte entrüstet, als sie auf dem Kopfsteinpflaster abbog. In den grauen Straßen wehte nasskalte Märzluft umher. Rubi zog ihre Mütze tiefer in die Stirn. Mit einer geübten Bewegung achtete sie dabei darauf, dass ihr Pony sich darunter nicht zur Seite verschob.

Das Licht der Straßenlaternen feilschte vergeblich mit dem fahlen Anbruch des Tages um die höhere Candelazahl. Das graue Licht des Morgens biss sich im Gegenzug durch die Überreste der Nacht und die Lichtkegel der Konkurrenten.

Bei jedem Tritt in die Pedale zog die Kälte abwechselnd ihr linkes und dann das rechte Hosenbein hoch. Sie konnte sich nicht überwinden, abzusteigen und ihre Hose in die Wollsocken zu stecken, und fuhr weiter auf die Landstraße. Hinter den Leitplanken auf den Feldern und im Grün entdeckte sie mehrere Grüppchen von Leuten. Die dunklen Schemen waren in dicke Jacken gepackt, mit kleinen Köpfen, die zwischen Schals und Mützen verschwanden. Es gab Normale, Dicke, Lange und Kinder, das ganze Sortiment. Die einen buddelten mit Schaufeln, die anderen spannten gebückt einen langen, niedrigen Zaun aus einer Plane auf. Die Krötenwanderung würde bald losgehen und dieses Dorf war gefeit. Als sie ihre Fahrt in der nächsten Kurve verlangsamte, grüßte sie mit einem wohlwollenden Lächeln, das bedauerlicherweise in ihrem Schal hängen blieb: »Morgen!«

Ein paar der eifrigen Gestalten hoben kurz den Kopf, zumindest ein bisschen. Das Kind im pinken Anorak ignorierte sie komplett. Niemand erwiderte ihren Gruß, sie konnte noch nicht mal ein gelangweiltes Nicken ausmachen. Stattdessen bereiteten sie weiter die Zukunft der Kröten vor. Frohgemut arbeiteten sie dem Aufbruch der bedürftigen Amphibien entgegen, ungeachtet dessen, dass jeder neue Morgen sie zwangsläufig einen Schritt näher an den Tod bringen würde.

Rubi war erbost, dass keiner ihr einen schönen Tag gewünscht hatte. Sie fuhr schneller und ärgerte sich, weil sie sowieso schon dabei war, auch darüber, wie die Krötenkumpel bald den Verkehr lahmlegen würden. Sie schnaufte durch die Nase und bremste dann plötzlich ab. Vor ihr auf der Straße saß eine der warzigen Poggen. Das Ding war viel zu früh im Jahr unterwegs. Überfahren und platt gedrückt pappte es nun auf dem Asphalt. Rubis Lippen zogen sich zu einer schmollenden Rosette zusammen und sie fühlte sich schlecht.

Der Verkehr nahm zu, als sie in die Stadt hineinfuhr. Menschen und Waren wurden darin hin und her geschoben. Der Kühllaster kam vom Markt und stieß fast mit dem Taxi zusammen, das einen Eiligen zum Bahnhof brachte. Es hupte und die Mutter mit dem einem Kind im Wagen und dem anderen zerrend an ihrer Hand verdrehte die Augen. Die Tafel vor dem Café versprach die besten Croissants der Stadt und der Kellner schielte schon jetzt auf die Uhr nach dem Feierabend, als die Tram bimmelnd und polternd vorbeirauschte. Rubi wich einem Skateboardfahrer aus und hielt an der roten Ampel.

Ein Polizeiwagen kam neben ihr zum Halt und sie blickte ihrem Atem nach, wie er sich in der frischen Luft materialisierte. Das Beifahrerfenster wurde heruntergekurbelt und einer der Streifenbeamten lehnte sich jovial zu ihr herüber: »Fräulein, machen'se mal das Licht an.«

Rubi, die eben noch kurz davor gewesen wäre, ihn freundlich zurückzugrüßen, hielt die Luft an und drehte ihren Kopf schwerfällig in seine Richtung.

»Es ist doch schon hell«, hauchte sie tonlos und schaute wie zum Nachweis gen Himmel.

»Mach das Licht an«, bevormundete der käsige Mann sie staatlich und der dicke Schnurrbart zuckte auf seiner Oberlippe bei so viel Renitenz am Morgen. Auch der Polizist am Steuer schüttelte den Kopf und seine beiden Kinne – es war ihm wirklich ein Bedürfnis.

Rubi beugte sich nach vorne und drückte den Dynamo mit einem Klicken an den Reifen. »Es ist hell«, nuschelte sie dabei und dachte: *Und ich bin mündig*. Die Ampel sprang auf grün und der Polizeiwagen sauste ohne Adieu davon, als hätte er tatsächlich Besseres zu tun. Sie schwang sich auf den Sattel und das Licht ihrer Fahrradlampe hatte nichts zur Welt beizutragen, außer die Posse zaghaft auszuleuchten.

Weder ihre Finger noch ihre Nasenspitze waren zu spüren. Sie bemühte sich, den uniformierten Geltungsdrang unbeachtet zu lassen und übersah, dass sie ihn damit verfestigte. Mürrisch und herumgeschubst saß sie auf ihrem Drahtesel und war zu nichts zu gebrauchen, als die gräuliche Gefangenschaft in ihrer selbst abzuleugnen.

Sie schob ihr Fahrrad an Peters weißem SUV vorbei und blieb mit dem Lenker im Liguster hängen. An dem alten Schmiedezaun, der das Museumsgelände umgab, kettete sie das Rad fest und ging zum Nebeneingang hinein. Noch bevor sie sich aus ihrem Wintermantel schälte, ging sie zum Kaffeeautomaten im zweiten Stock. Während sie darauf wartete, dass sich der dünne Plastikbecher füllte, rieb sie ihre kalten Hände gegeneinander.

Die Schmeckmeier und Peter schlenderten gefällig schnatternd den Flur herunter. Die blonde Frisur saß wie ein Helm auf dem Kopf der Chefsekretärin, als erwarte sie ständig Schläge auf den Hinterkopf von der Museumsleitung. Ihr mickriger roter Mund tanzte verzückt auf ihrem faltigen Gesicht, wenn sie sich selber reden hörte. Peter nickte vehement und man musste befürchten, dass er eines Tages vor lauter Schleimerei zerfließen würde. Rubi verabscheute ihren Vorgesetzten. Gerade jetzt, wo Frank nicht da war, schien ihr seine übergriffige Art unerträglich. Doch der Automat ließ sie warten und es gab kein Entkommen.

»Rubi! Na, musst du auch aufgewärmt werden? Hähä«, schlawinierte sich Peter mit gebleckten Zähnen in ihre Nähe. Rubis Nackenhaare stellten sich auf und er krempelte sich grienend die Ärmel hoch.

»Also Peter ...«, kicherte die Schmeckmeier verrucht und ihre nassen Augen blinkten ihn an.

Mit blutleeren Lippen brachte Rubi ein reserviertes »Morgen« hervor.

»Warum denn so schlecht gelaunt?«, forderte Peter sie mit schiefem Mund heraus und schwang die Faust enthusiastisch vor seiner Brust.

»Ich bin nicht schlecht gelaunt«, stellte sie nüchtern fest und umklammerte den labilen Becher fester. Brühheißer Kaffee schwappte über den Rand auf ihre Finger, doch sie ließ sich nichts anmerken.

»Dann lach doch mal«, verlangte Peter mit solch einer Süffisanz, dass man gar nicht anders konnte, als ihn anspucken zu wollen.

In Rubi regte sich nicht viel: »Worüber denn?«

»Also«, echauffierte sich Peter durch die Nase und wartete ein paar Sekunden.

»Naja«, schloss die Schmeckmeier dann etepetete, nickte wissend und schielte Lob heischend zu Peter (es waren diese Art gehaltloser Kommentare, die die Belegschaft davon abhielt, ihren Vornamen erfahren zu wollen).

Nachdem Rubi immer noch nicht gelacht hatte, orderte Peter streng: »Die Präparate müssen jetzt bald mal fertig werden.«

»Ja, diese Woche bestimmt«, versprach sie und nippte an ihrem Kaffee.

»Na gut, dann will ich das mal glauben«, sagte er mit dem Versuch, Zweifel in seine Stimme zu legen, von denen alle drei wussten, dass es sie nicht gab und sie sowieso unbegründet wären. Rubi war zuverlässig und sie war gut in dem, was sie tat. Ihre Präparate waren noch immer penibel ausgearbeitet und vorschriftsgemäß konserviert worden.

Mit einem feindlichen Nicken verabschiedete sich Peter von ihr. Dann bot er der Schmeckmeier hoheitsvoll seinen haarigen Arm: »Gnädigste.«

Vor Aufregung konnte sie sich bald nicht mehr halten, hakte sich dankbar bei ihm ein. Gefolgt von dem Klackern ihrer Stöckelschuhe gingen Peter und die Schmeckmeier blöde witzelnd in Richtung der Büros. Rubis Blick klebte mutlos an ihren Rücken und sie wischte sich den Kaffee von den Fingern an die Hose.

Das Präparationsatelier befand sich in den hinteren Kellerräumen des Museums. Vor den schmalen Fenstern nahe der Decke sah man die Beete der Parkplatzbepflanzung und manchmal sogar Sonne. Nicht in diesen Monaten. Das war auch nicht nötig, starke Deckenleuchten fluteten jeden Winkel des Raums mit Licht und an den Arbeitsplätzen gab es natürlich noch die Tischlampen. Lange, dürre Blecharme, die sich genügsam hin und her justieren ließen.

Alles war hell, ordentlich und steril in ihrem Reich. Weiße Wände und Regale, weiß polierte Tischplatten und Schränke aus Glas. Der pummeligen Putzfrau mit dem freundlichen Wesen und dem gelb gestreiften Kittel steckte Rubi jeden Monat etwas Geld zu, damit sie es mit dem Staubwischen hier unten besonders genau nahm (der Putzkraft, Martha

Lott, war das völlig schnuppe, sie putzte so wie immer und gönnte sich von dem erschlichenen Zaster einen monatlichen Theaterbesuch).

Rubi hängte ihre Tasche an die Lehne des Stuhls, den Mantel in den Spind und zog ihren Laborkittel über. Das war keine Pflicht, schließlich würden sie hier niemandem das Leben zu retten versuchen. Aber sie machte sich gerne bereit für die Arbeit und wollte ihre eigenen Sachen nicht mit irgendeiner Chemikalie verschmutzen.

Die unzähligen Schubladen und Regale, die bis zur Decke reichten, beherbergten Tausende von Exponaten, die sich gleichgültig darin stapelten und reihten. Fische, Echsen, Vögel, Säuger und die Arthropoden, wie Schmetterlinge, Bienen und Spinnen aus aller Welt. Und Käfer.

Das Sortieren und Katalogisieren fiel ihr leicht. Sie mochte es, wie einfach und lautlos die Schubladen mit den fein säuberlichen Beschriftungen sich aufziehen und wieder schließen ließen. Die Präzision und das Präparieren machten ihr richtiggehend Spaß. Es war eine wissenschaftliche Bastelaufgabe, die Geduld und manuelle Geschicklichkeit erforderte. Wenn es den tumben Peter mit seinen Sprüchen und dem fleischigen Nacken nicht gäbe, dann würde sie die Arbeit überhaupt nicht stören.

Die kleinen Körper mussten in Form gehalten, durften nicht beschädigt oder in ihrem Erscheinen verändert werden. Wieder und wieder, jedes neue Exemplar. Die Routine war es, die Rubi mochte. Unaufgeregt, bekannt, vorhersehbar. Ein selbst eingerichteter goldener Käfig, der einen vor der Freiheit mit all den darin lauernden Entscheidungen bewahrte.

Heute würde sie leider nicht an ihrer ostasiatischen Käfersammlung arbeiten können. Die Nasssammlung musste noch umgefüllt werden. Selbstredend nicht die ganze. Bis alle 11 273 in Alkohol gebahrten Tierpräparate aus ihren alten Gefäßen mit den undichten Verschlüssen befreit und in die neuen, stabilen Borosilikatgläser gesetzt waren, würden noch Jahre vergehen. Rubi war das ihrer Passion zum Trotz ganz recht, denn sie würde den sinnlichen Anblick der historischen Gläser vermissen.

Sie würde ihre Zeit mit dem Umtopfen halb ausgewachsener Fische und Schlangen verbringen. Der Geruch machte einen ganz dusselig. Bis zum Ende der Woche musste die Sonderausstellung *Wasser – das Leben im Fluss* für das anstehende Frühlingsprogramm fertig sein. Die Museumsleitung hatte es durch die Schmeckmeier ausrichten lassen.

»Peeeeter! Sag es denen in deiner Abteilung. Jaaa?«, hatte sie gefleht und nichts darauf gegeben, dass auch Rubi anwesend war. Stattdessen flatterte sie wie eine überspannte Feldwachtel durch den Raum: »Die Sammlung MUSS fertig werden!«

Rubi war so überrascht, dass sie sich die Ohnmacht verkniff.

In der Mittagspause ging sie an den Schaukästen und Auslagen vorbei. Manövrierte sich zwischen den wenigen Besuchern und den Palmen hindurch. Beides schien fehl am Platz. Ein Opa mit Tigerglatze erklärte einem zahnlückigen Jungen etwas über Abseitsregeln, die Frau im blauen Kostüm kratzte sich verstohlen am Po und eine Studentin mit Schmierhaaren zeichnete entnervt eine Gespenstschrecke ab.

Die Vegetation sollte das Erlebnispotenzial steigern, hatte man gesagt. Überall standen nun Kübel und hingen Lianen, damit auch diejenigen im Museum glücklich waren, die gar nicht ins Museum wollten. Flankiert von üppigem Gestrüpp tat es weniger weh, dem Tod in seine tausenden Gesichter zu sehen, so vielleicht die Hoffnung.

All die Mumien, Gerippe und Exoskelette mahnten ungehört. Es lag mehr Ehrgeiz im Zeigen, kaum im Bewahren über den Exitus des Subjekts hinaus. Jeder in diesem Hause, ganz gleich ob Gast oder Angestellter, gab sich der heuchlerischen Totenschau hin und stülpte sich dazu das Käppchen der Bildung über den ignoranten Kopf. Das Einverleiben ihrer Leben durch Beschreibung und Wissenschaft war wertvoller als es ihre tatsächliche Existenz jemals war.

Zielstrebig ging Rubi zu dem Schauraum der tropischen Regenwald- und Baumsavannen-Insekten. Hinten links neben dem abgehangenen Fenster stand der Kasten mit den Käfern. Und da war er, eingerahmt vom Afrikanischen Rosenkäfer und dem Südafrikanischen Fruchtkäfer, ringsum gespickt mit bunt schillernden Scarabaeoiden.

Mit liebevollen Blicken untersuchte sie den prächtigen Goliathkäfer. Dieser fast handtellergroße *Goliathus goliatus* mit seinen strotzenden Vorderbeinen und dem noblen, schwarzweiß gemusterten Panzer, vergnügte sie. Seine schimmernde Rüstung aus Chitin sprach von den Abenteuern und der Stärke des riesenhaften Insekts. Ein solches Tier wusste, wozu es bestimmt war, und belastete sich nicht mit Zweifeln. Noch im getrockneten Zustand war es ein glänzendes Abbild des Lebens. Er war vollkommen. Ein ideales Spezimen, unübertrefflich gekonnt präpariert. (Das war nicht Rubis Werk, sondern das ihres Vorgängers, ihres Mentors Herrn Zirstens, der, obwohl auch verstorben, nicht hier ausgestellt wurde.)

Im Nebensaal konnte sie Peter feixen hören. Sie lehnte

sich ein Stück zurück und spinkste durch die weite Flügeltür. Er kurbelte all seinen Machismo durch ausladende Bewegungen an, zeigte zu viele Zähne und fasste der Praktikantin an den Hintern, die sich das auch noch gerne gefallen ließ. Rubi keuchte verächtlich aus dem Bauch, als könnte sie die Unerträglichkeit seiner Person damit wegatmen. Selbst die Schmeckmeier mit ihrem verknöcherten Mund war ihr lieber.

Sie verlagerte ihr Gewicht wieder nach vorne und besann sich zurück auf den Schaukasten. Dabei beschloss sie, dass sie wieder nachts arbeiten würde. Zumindest bis Frank wieder hier wäre. Dann musste sie nur dem Wärter mit dem gemütlichen Bauch beibringen, die Heizung nicht auszumachen. Bei dem, was sie damit vermeiden konnte, war das Extra an Isolation gut zu ignorieren.

*

Vor der Eingangstür lag die Fußmatte, die mit geschwungener Schrift säuselte: *Tritt ein, bring Glück herein*. Rubi war es schon jetzt zu viel, sie wackelte mit der Nase und drückte den Klingelknopf.

»Komme schon«, hörte sie Thilo, der den Knauf schon in der Hand hatte, völlig unnötig hinter der Tür melodisch rufen.

»Rubi, wie schön«, sagte er mit seinem scheelen Grinsen, als sei es eine Überraschung, dass sie hier war, und wies ihr mit aufgeblähter Geste den Weg hinein. Sie spürte seinen prüfenden Blick, der an ihr auf und ab wanderte, als würde er erwarten, seiner sonderlichen Schwägerin sei ein drittes Bein gewachsen. Breitschultrig, akademisch und bis auf den kleinen Zeh durchtrainiert, fühlte er sich naturgemäß überlegen. Barmherzig empfing er sie in seinem Reich und klemmte dabei mitleidig das Gesicht zusammen, bis er aussah wie eine affektierte Dattel.

»Hallo«, überwand die unwillige Gästin sich und schob sich an ihm vorbei in den breiten Flur. Raffa trat mit offenen Armen und einer Schürze mit Superwoman-Aufdruck aus der Küche, dabei hielt sie den kostspieligen Stabmixer in der Hand wie ein Zepter: »Schwesterlein!«

Nachdem sie Rubi einen schnellen Kuss auf Wange gedrückt hatte, stellte sie sich eng neben Thilo und streichelte als Pfand ihrer amourösen Allianz seinen Arm. Für einen Moment standen die drei still voreinander und guckten sich an. Bevor das unangenehme Schweigen nicht mehr zu dementieren war, nahm Raffaela sich ein Herz.

»Schön, dass du da bist«, sagte sie mit verklärtem Seufzen und wurde dabei fast zum Dörrobst.

»Hallo.«

»Na dann, komm mal rein«, spendierte Raffa und Rubi fand, sie war schon drinnen. Da ihre Schwester schon immer eine überkandidelte Ader gehabt hatte, brauchte sie nicht mehr darauf zu hoffen, dass sich das ändern würde. Rubi hängte ihren Mantel auf, nur damit Thilo ihn gleich wieder vom Haken nahm, um ihn auf einen der samtbeschlagenen Holzbügel zu hängen. Sie streifte sich die Schuhe ab, die dabei an die Tapete über der Fußleiste stießen und er zuckte gepeinigt. Rubi guckte ihn an, wie man nur jemanden angucken konnte, der von einem fremden Planeten kommt, über den man zirka nichts wissen wollte.

Im geräumigen Esszimmer stand der gedeckte Tisch. Der Traumfänger am Fenster reihte sich zwischen die aufwändigen Mandaladrucke an den Wänden. Auf der teuren Kommode aus Indien standen gerahmte Familienbilder von glücklichen Menschen. Auch wenn die Personen auf den Bildern haargenau aussahen wie die Schwestern in ihrer Kindheit (herausgeputzt für die Kommunion ihres Cousins, bei der Oma Anni sich so fürchterlich betrunken und beim Essen den Pastor angeschrien hatte, dass er sich etwas zurücknehmen sollte, jetzt, wo sie schon die Seele des Jungens an die Kirche verkauft hätten) oder Rubi im Kleid auf Raffaela und Thilos Hochzeit – Rubi fand sich nicht darauf wieder. Es war ein Taschenspielertrick aus dem Entwicklungslabor, der eine Familie simulierte, die Raffaela gerngehabt hätte, eine, derer sie sich nicht zu schämen bräuchte.

Rubi setzte sich, spielte mit der Flamme des Teelichts im Dekorglas und hörte sich die Berichte über ihren letzten Wellnessurlaub an.

»Morgens wandern, nachmittags ins Ethno Village und abends Massagen im Spa!«, fasste ihr Schwager die Reise mit Überschwang zusammen.

»Du hättest Thilo mit den Locals sehen sollen! Einfach klasse, wie er sich auf andere Kulturen einlässt«, schwärmte Raffaela.

»Ich dachte, ihr wart in Bulgarien?«, wunderte sich Rubi scheu.

Beide überhörten den unerwünschten Einwurf und Thilo entkorkte den Wein.

»Dieser Weinbauer. Weißt du noch? Das war schon einer ...«, rief Raffaela ihm ihren gemeinsamen Coup ins Gedächtnis.

»... ein richtiger Schlingel«, machte Thilo weiter im Bericht, »haha, vier Euro pro Flasche nahm der!«

»Eigentlich ja Wucher. Aber wir helfen ja gern«, schloss die Weitgereiste.

Das Paar schaute sich wissend an, sie hatten wirklich ihr Bestes gegeben. Rubi hielt ihren Zeigefinger tiefer in die Flamme und zog ihn wieder zurück.

»Keine der anderen Frauen hat beim Kraxeln so ein Tempo drauf gehabt wie deine Schwester, musst du wissen«, lobte Thilo seine Anvertraute resolut.

»Toll«, entwich es Rubi.

»Na dann, Prost!«, feierte Thilo. Die Gläser klirrten ein *Hurra!* auf die sportive Errungenschaft.

»Nur das Essen war nicht so gut«, wiegelte ihre Schwester ab, als wären es zu viel der Blumen, zu viel der Angeberei mit ihrem Gut an Spaß und erwerblicher Freude.

»Na komm«, versuchte er ihre Bescheidenheit wegzuhuschen.

»Also für *das* Geld hätte es schon alles bio sein können. Und dann jeden Tag die gleiche Vorspeise. Man fragt den Wirt, was es gibt und die Antwort ist immer dieselbe ...«

»... Supa Toptscheta!«, vervollständigte Thilo den Satz für sie und hielt sich den Bauch vor lauter Absurdität.

Schon wieder so ein blasierter Blick. Rubi rutschte auf ihrem Stuhl hin und her und knibbelte unter dem Tisch das Wachs von ihren Nägeln.

»Die Luft hat so gut getan. Das ist schon etwas ganz anderes als in der Stadt«, und Raffa drückte dankbar Thilos Hand.

»Ja, es sind die einfachen Dinge«, stimmte er verträumt zu.

»Was hat'n das alles gekostet?«, fragte Rubi.

Das Paar war durch nichts zu erschüttern. Raffaela rückte das Blumengesteck zurecht und Thilo verschwand in der Küche. Niemand beantwortete Rubis Frage, stattdessen zirkelte der Herr des Hauses mit drei flott angerichteten Tellern zurück, um sie in einer schwungvollen Bewegung auf den Tisch gleiten zu lassen. Das russische Staatsballett wäre vor Neid erblasst.

»Wie geht es dir denn?«, fragte Raffa, ihren Ellbogen auf den Tisch gestützt, und platzierte das untere Ende ihres neugierigen Gesichtes in ihrer Hand. Thilo bestaunte derweil seinen Teller, der ebenso zur Befriedigung seines Appetits da war, wie alles andere auch. Rubi schob die Kombu-Algen an den Tellerrand: »Gut.«

Die Gabel quietschte auf dem Porzellan.

»Nichts Neues? Keinen Freund?«, konkretisierte ihre Schwester und steckte sich eine Gabel ihres Superfoods in den gespitzten Mund.

»Ich muss jede Menge Präparate umfüllen. Vor allem die eingelegten Schlangen und Amphibien«, wechselte sie zum Unmut der anderen das Thema.

Thilo verzog angewidert den Schnabel: »Rubi! Doch nicht beim Essen ... also bitte.«

»Immer deine toten Tiere!«, beschwerte sich Raffa und Rubi perzipierte sich an den emotionalen Katzentisch verbannt. Als wäre ihre lässliche Realität nicht gut genug, um in der Gaukelei der anderen mitzuspielen.

»Das ist mein Job«, entschuldigte sie sich lapidar.

Ihre große Schwester schüttelte den Kopf: »Du musst mal raus. Man lebt nur einmal, weißt du? In der Kesselgasse hat letzten Monat eine Sambaschule aufgemacht. Das hat dir doch immer so gut gefallen!«

Nein, sie hatte es nicht gemocht, so wie sie es jetzt nicht mochte, hier zu sitzen. Ihr war, als hätte man sie falsch montiert. Wie sollte man sich denn in diese gesellschaftliche

Maschinerie einordnen, ohne zu wissen, ob man eine Mutter oder eine Schraube ist und nicht mal ein Zahnrad von einer Spule unterscheiden kann. Mit Raffa alleine hätte sie vielleicht noch reden können. Sie hätte von Peters Impertinenz erzählen können, von seinen Glubschaugen, die sie anwiderten oder von der Schmeckmeier. Über Cody würde sie gewiss nie ein Wort verlieren, das wäre zu viel. Aber da ihre Schwester in Symbiose mit einem Idioten lebte, erübrigte sich überhaupt jede Überlegung in dieser Richtung.

»Also wir haben ja letztens ein Woke-Yogaseminar besucht«, prustete Thilo selbstherrlich, »eine richtig spirituelle Erfahrung.«

»Thilo hat mir vorher extra eine neue Leggins bestellt!«, bekannte Raffaela euphorisch.

»Und Raffa hat mir vorsorglich Tigerbalsam mitgebracht. Ich hab's ja immer wieder mit dem Rücken«, wetteiferte er neurotisch darum, wer mehr geliebt wurde.

»Ich dachte Yoga wäre nur eine körperliche Übung fürs eigentliche Meditieren? Frühsport für furzende Muttis.«

Rubi fuhr mit dem Finger über das türkis gefärbte Bambusset und wagte es nicht aufzuschauen, aber nichts passierte.

Thilo überhörte es: »Und dann hat der Yogi gesagt, dass unsere Energien wirklich wahnsinnig gut im Einklang miteinander stehen!«

Raffa nickte so heftig, als hinge die Wahrheit davon ab.

»Au Backe«, kommentierte Rubi prosaisch und saugte mit der Zunge eine Mungosprosse aus ihren Zähnen. Thilo warf ihr einen giftigen Blick zu, stand auf und räumte die Teller ab, ohne zu fragen, ob sie fertig sei. Sie probierte noch einen Schluck des Weins, dessen Kauf die bulgarische Dorfgemeinschaft erretten sollte. Noch in der Küche brabbelte Thilo missmutig vor sich hin. Auch Raffaela war konsterniert bei solchem Undank.

»Wie läuft es eigentlich mit Dr. Prizrak?«, holte sie wie zur Strafe aus und Rubi senkte den Blick. Sie war blindlings in den nächsten Eifer geschlittert, sie hätte es ahnen müssen, und log: »Gut.«

»Gut? Ist das alles?«, frage Raffa enttäuscht.

»Ja«, verabschiedete sich die kleine Schwester endgültig in die Introvertiertheit.

Thilo hatte sich wieder zusammengerissen und eine fröhliche Miene aufgesetzt und kam mit einem knallbunten Dessert zurück an den Tisch getrippelt.

»*Organic rawbowl*, mit Antioxidanten und Protein, Gojibeeren und einem Hauch Rohrzucker aus Brasilien«, pries er seine Kreation an, »natürlich alles bio«, zwinkerte er und verteilte die Schalen. Dann stellte er sich hinter Raffaela, massierte ihre Schultern und schaute geschwollen in die Runde. Zu seiner eigenen, abschließenden Beglückwünschung wippte sein Kopf vor und zurück. Raffa tätschelte seine Hand.

»Mein Mann!«, zelebrierte die Gattin mit überquellendem Herzen, dass sie sich gegenseitig besaßen: »Ach, was du uns wieder Gutes tust! Nicht wahr, Rubi?«

Von ihrem Platz aus konnte Rubi die Haustüre am Ende des Flurs sehen; gerade schien sie unendlich weit weg.

Sie hatte es nicht erwarten können, nach Hause zu kommen. Der Likör, den es zum Nachtisch gegeben hatte, stieß ihr auf, als sie die Treppen hochrannte. Sie sperrte auf und warf erleichtert ihre Sachen in die Ecke.

Beschwingt machte sie sich ans Werk und bereitete ihr Pult vor. Der Kegel ihrer Tischlampe erhellte ihre Miniaturwerkstatt. Sie kleisterte ein passendes Stück Papier auf den kassettengroßen Styroporblock und steckte die Nadeln, nach Größe sortiert, am Rand auf. Daneben stellte sie die Heißklebepistole, Modelliermasse, die Lackfläschchen und Pinsel. Sie klappte das Ledermäppchen mit ihrem Präparationsbesteck auf, alles war bereit.

Sie stand auf und holte den Käfer aus seinem frostklirrenden Grab zwischen den Erbsen. Vorsichtig ließ sie ihren Blick über ihn schweifen, als könnte schon das zu viel sein für den ungelenken Knirps. Er war tatsächlich ein bisschen unterdimensioniert, aber es würde schon gehen. Zurück am Tisch nahm sie eine der längeren Nadeln zur Hand, stach durch den kleinen Körper und fixierte ihn über dem Styropor schwebend. Sie würde warten, bis er etwas abgetaut war, bevor sie die Beine und Fühler ausrichtete, damit nichts abbrach. Mit weit gespreizten Gliedmaßen würde er beeindruckender aussehen.

Bis dahin konnte sie sich um den Panzer kümmern und studierte dazu die Schautafel im Buch. Mit dem feinen Pinsel trug sie vorsichtig den schwarzen Lack auf den Mantel des Käfers auf, bedacht, dass nichts die Gelenke verkleben würde. Mit der nächsten Farblage musste sie warten, bis er trocken war und eventuell noch das Pygidium nachmodellieren. Als nächstes widmete sie sich den Fühlern. Mit einer Pinzette riss sie den linken aus. Sie musste ihn kürzen und verdicken, damit er richtig aussah.

Sie setzte an, den zweiten Fühler auszurupfen, doch da bewegte sich ebendieser. Rubi hielt den Atem an. Sie war sich sicher, dass sie sich geirrt haben musste und starrte verzagt auf ihr Model hinab. Nichts rührte sich. Sie belächelte sich und hielt den Kunststoffblock dann dicht vor ihre Nase, um genau sehen zu können, wo die Antenne sich lösen würde. Sie drehte die Montage im Licht und plötzlich fingen die strammen, schwarzen Beinchen an in der Luft zu krabbeln.

Vor lauter Entsetzen schleuderte Rubi ihre Schöpfung in die Ecke und die frische Farbe hinterließ einen Fleck auf der Tapete, wo der kostümierte Käfer abgeprallt war. Der Schreck machte sie noch sauer dazu. Sie war zu ungeduldig gewesen, sie hätte ihn länger im Tiefkühlfach lassen müssen, dachte sie zornig; fassungslos, dass er lebendig war und nicht das, was sie wollte.

*

Der große braune Ledersessel stand dem Fenster hin zugewandt und sie stierte in den hergerichteten Garten. Dr. Prizrak saß ihr auf einem einfachen Stuhl gegenüber, faltete die Hände über seinem Notizblock und wartete geduldig wie die Dämmerung. Durch seine Ohren leuchtete rot die verlegene Sonne und in den Stoppeln seiner getrimmten Halbglatze hing eine Fluse.

Rubi wollte ihn nicht anschauen, davon überzeugt, er würde dann schon nicht merken, dass sie da war. Nach einer Weile räusperte er sich und brach das Schweigen: »Sie sagten, es war eine dumme Idee, dass ihre Schwester Sie zu dieser Therapie überredet hat.« (Nach der dritten Sitzung hatte er ihr das Du angeboten, das sie nachdrücklich abgelehnt hatte. Sie wollte seine Wertschätzung nicht und hielt ihn lieber auf der anderen Seite der Formalie.)

»Gezwungen, nicht überredet«, korrigierte Rubi und zog die Beine an.

Dr. Prizrak überging ihren Einwand und fuhr gelassen fort: »Sehen Sie das immer noch so?«

Sie antwortete nicht, er klappte sein Büchlein auf, machte eine längere Notiz und sie gaffte weiter nach draußen. Dann schnaubte sie, drehte sich ein kleines Stück weiter zu dem Therapeuten und maulte: »Und? Was haben Sie jetzt da reingeschrieben?«

Dr. Prizrak legte den Kopf leicht zur Seite, als erwartete er, dass gleich etwas an ihm vorbeifliegen würde. Sein Antlitz blieb Rubi weiter durch das Gegenlicht verborgen und sie kaute auf ihrer Unterlippe. Er strich mit seiner Hand über die Seite und las ihr mit ruhiger Stimme vor: »Patientin negiert ihr Entwicklungspotenzial.«

»Was soll das heißen?«

»Das heißt erst mal gar nichts. Es bedeutet nur, dass Sie ihre Denkmuster nicht mit mir besprechen wollen. Das ist nichts Schlimmes.«

»Aha«, sagte Rubi und verstand kein Wort. Ihrer Meinung nach waren ihre Denkmuster in einem fabelhaften Zustand. Vielmehr störte sie ihr Instinktdefizit; dass sie immerzu herausfinden sollte, was zu tun war.

Und gleichwohl sie das gar nicht wollte, stolperte sie fast über eine der größten Fragen des Anthropozäns – darüber was genau dieser Anthropode nun eben sei –, die sich ihr quer in den Weg gelegt hatte, wie ein loser Pflasterstein. Sie wand sich darum und bemühte sich, die elende Frage nicht zu fokussieren und stammelte alternativ vor sich hin: »Wollen Sie mir sagen, ich brauche solche Denkmuster?«

»Sie haben Denkmuster«, attestierte Dr. Prizrak versöhnlich, »wir alle haben sie.«

Und schon durchzog sie wieder das Gefühl unlösbarer Materie.

»Und wofür sind die bitteschön gut?«, fragte sie trotzig und äffte: »Fehlgeleitete Willenshandlungen?«

Der Medicus klappte sein Buch zu und schlug die Beine in die andere Richtung übereinander. Er war in einer fließenden Lauerstellung: »Glauben Sie, dass das Ihr Problem ist?«

»Nein.«

Rubi dachte, dass ihr Willenshandlungen jedweder Art fehlten. Damit war sie wie ein Tier, nur gemeinerweise ohne die angeborene Weisheit. Der Therapeut nickte verständnisvoll und klappte das Buch wieder auf. Auf der Wiese flatterte ein Admiral vorbei und grämte sich wohl über die gemähte Monokultur. Sie schwiegen wieder für ein Weile. Mit einem tiefen Atemzug richtete der graue Mann seinen Oberkörper auf und probierte es weiter.

»Haben Sie diese Woche etwas auf Ihre Liste geschrieben?«, fragte er fromm.

Rubi zog die zerknitterte Liste aus ihrer Gesäßtasche und hielt sie ihm hin. Mit einem linden Lächeln nahm er sie entgegen und studierte den kurzen Text eingehend. Er sagte jetzt nichts mehr. Rubi schob ihren Hintern von links nach rechts und hatte vergessen, wie man bequem saß. Nach ein paar Minuten hielt sie es nicht mehr aus.

»Ich habe einen Käfer aus dem Museum getötet«, beichtete sie, um überhaupt was zu sagen und die Sitzung wenigstens mit Gefasel befeuern zu können.

»Warum haben Sie das getan?«, fragte er, ohne eine Tonlage der Wertung anzustimmen.

»Weil ich ihn haben wollte!«, erwiderte sie logischerweise.

Er schrieb etwas in sein Buch und sah sie mit ernster Visage an. Diesmal fragte sie nicht, was er aufgeschrieben hatte. Sie fühlte sich unverstanden.

Seit Adam und Eva es mit dem Paradies verbockt hatten, musste man sich mit all dieser Scham und Schuld herumschlagen. Seit sie sich zu dieser Krone der Schöpfung emporgeschwungen hatten (das Ding war die reinste Attrappe. Entweder das ach so feine menschliche Bewusstsein war ein bloßes Abfallprodukt der Hirnaktivität oder ein simpler Mechanismus, der den Menschen die natürliche Selektion umgehen ließ, dabei offensichtlich völlig außer Kontrolle geraten war und viel mehr als nur den eigenen Geist übermannte), ging das so.

Sie war nicht unglücklich, aber trotzdem unerfüllt. Es schmeckte abgestanden. Unter Rubis Maske juckte es und die der anderen dünkten ihr nunmehr bizarr. Wie wächserne Totenmasken, im Fieber verschwommen.

2

Das nächtliche Gebäude war mucksmäuschenstill, vom periodischen Rumpeln der Kühlschränke voller Petrischalen, Laich und ihrem Pausenbrot abgesehen. Die Ruhe und Leere auf den Gängen waren ihr nicht unheimlich, ganz im Gegenteil. Sie war froh, für sich zu sein und der verschobene Tagesrhythmus war ein Preis, den sie nur allzu gerne dafür zahlte.

Als sie sich das erste Mal geweigert hatte, zu den normalen Zeiten zu arbeiten, war Peter fuchsteufelswild gewesen. Erst hatte er mit hochrotem Kopf und ohne Vergnügen gelacht und sie dann angeschnauzt, es gäbe keine Extrawürste. Seine Wackelpuddingaugen standen noch weiter hervor als sonst. Wie ein Schulmeister hatte er sich aufgeführt, vollends von seiner Eitelkeit überwältigt, und Rubi wurde selbst ohne erhobenen Rohrstock ganz klein. Aber dann hatte Frank ihm bärbeißig beigebracht, dass er mit einer Beschwerde, wenn nicht sogar Anzeige, wegen seines Getatsches und den anzüglichen Sprüchen zu rechnen hätte. Das hatte gesessen.

»Naja, naja, naja! Lassen wir mal die Kirche im Dorf. Ich will mir ja nicht nachsagen lassen, ich würde diese Abteilung nicht modern leiten«, führte er sich auf und gewährte ihr schließlich: »Bitte sehr Rubi, wenn du nachts arbeiten willst – meinetwegen.«

Dann verbarrikadierte er sich hinter seinem Schreibtisch und tat betont beschäftigt. Auch seine Sehorgane suchten sich den Weg in ihre Höhlen zurück.

»Ist noch was?«, bellte es ruppig rückseits der Akte, hinter der er sich verschanzt hatte. Frank schob Rubi an den Schultern durch die Tür, Peter schaute nicht mal auf, »... als Nächstes wollen die auch noch 'nen Tischfußball. Tss, so was.«

Sie war aus dem Büro geschwebt, so viele Gebirgsketten klammerten nun nicht mehr an ihrem Herzen, und hatte den perplexen Frank sogar vor Erleichterung geküsst.

Seit Frank für sie in die Bresche gesprungen war, hielt ihr Vorgesetzter seine Penetranz im Zaum. Vor den anderen gab er zwar weiterhin den großen Zampano, aber er ließ Rubi weitestgehend machen, was sie wollte, und hatte nebenbei ihre Gehaltserhöhung abgesegnet. An ihrer passionierten Abneigung gegen ihn hatte das jedoch nichts geändert. Nur das Gefühl eines kleinen Triumphs hatte sich beinahe keusch dazugesellt.

Der Schmeckmeier hatte sie unter vorgehaltener Hand erzählt, sie hätte ihr Frontalhirn untersuchen lassen und der Arzt habe gesagt, sie sei nachts durchaus produktiver. Die alte Schachtel fand es nur angemessen, dass die Angestellten sich optimierten und gab sich souverän der Lüge hin. Das war das Mindeste, was sie erwartete und sie klickerte wichtig mit ihrem Kugelschreiber. Rubi war es gleich, was sie alle über sie dachten, solange sie sie dabei nicht sehen musste.

Sie rückte das Borosilikatglas in die Mitte des Tisches, stellte Tierpräparat Nummer ZV/642-8 daneben und katalogisierte die verlebte Bachforelle neu. Das zylindrische Präparateglas für den 30 Zentimeter langen Fisch war groß und schwer. Er biss sich trotzdem fast selber in den Schwanz, so verdreht, wie er darin schwamm. Rubi öffnete den Deckel des alten Glases und schaute durch die gelbbraune Flüssigkeit auf die schmerzhafte Pose. Es war einfach nicht das Gleiche wie die standhaften Exoskelette ihrer Gliederfüßler.

Die Aufbewahrungslösung stank noch durch ihre Maske. Im Katalog und auf dem handgeschriebenen Etikett auf dem Glas war zwar »Laskowski-Mischung« vermerkt, aber woher sollte sie wissen, dass sie nicht doch giftigeren Unfug mit hineingemengt hatten. Mit den Stücken, die vor der Jahrhundertwende eingelegt worden waren, war es das reinste Chemikalien-Lotto. Selbst heute erfand man immer noch Gemische mit Nikotin, so dass sich der Präparator bald mit ins Glas hineingeben konnte.

Über dem ausgebleichten Körper schwamm einsam eine Schuppe von noch weniger Farbe. Wie ein winkendes Taschentuch am Bahnsteig trieb es in Zeitlupe dahin. Der Alkohol hatte die Pigmente des Fisches angegriffen, ihn schrumpfen lassen und die Fette entzogen. Die deformierte Wurst gelb-graugefärbter Gewebe sah aus, als gehöre sie ins Prähistorische oder in einen Horrorfilm, nicht in heimische Fließgewässer (die vielen weniger vorsichtigen Examinationen, die sich die Bachforelle in ihrem toten Dasein über Dekaden von etlichen Schülern und Studenten hatte gefallen lassen müssen, waren nicht spurlos vorbeigezogen, wenn man von den Lernenden absah). Das Glas klimperte gespreizt, als hätte es auch keine Lust, als Rubi die Glasbügel zum Montieren der Forelle im neuen Gefäß befestigte.

Mit einer alten, missgestalteten Forelle zu arbeiten, von der jedes Restaurant naturgetreuere Modelle vorweisen konnte, war nicht übermäßig fesselnd. Rubis Konzentration schlüpfte durch ihren geistigen Gartenzaun und ward nicht mehr gesehen. Ihre behandschuhten Finger griffen nach dem steifen, glitschigen Fisch, der gar nicht umziehen wollte und ihr entglitt. Bei dem Versuch, den Widerspenstigen erneut zu fassen, warf sie das Glas um, das nun ihren Tisch überschwemmte.

»Ach, so ein Bockmist!«, schimpfte sie und sprang verärgert von ihrem Stuhl auf. Sie atmete tief ein und guckte überdrüssig und mit hängenden Schultern auf das Missgeschick vor ihr. Mit einem Tuch wischte sie die Flüssigkeit von der Kante zur Mitte des Tisches. In Luft gehüllt und von der Tischlampe ausgeleuchtet, sah der Fisch auf einmal nackt aus. Rubi warf den nassen Lappen über den kläglichen Körper und ließ ihn in der Pfütze liegen. So schnell würde er jetzt auch nicht mehr austrocknen.

Sie ging das kahle Treppenhaus, in dem ihre Schritte dumpf hallten, hinauf in den zweiten Stock. Während Rubi darauf wartete, dass ihr Kaffeebecher sich füllte, war sie immer noch gereizt. Noch nie war sie einem Präparat mit solcher Unachtsamkeit begegnet. Nicht mal als blutiger Anfängerin war ihr so etwas passiert. Viel schwerwiegender war hingegen, dass das nicht der eigentliche Grund ihres Unmuts war, sondern die beklemmende Lustlosigkeit, die sie in letzter Zeit so oft verspürte. Mit dem Plastikstäbchen rührte sie den Zucker in den Kaffee, den die ratternde Maschine ihr gleichfalls phlegmatisch serviert hatte.

Sie flanierte durch die Ausstellungsräume und während sie Schritt für Schritt die entlarvenden Gedanken zur Seite schob, ging es ihr gleich besser. Sie lief durch die Kulissen ferner Länder und Biotope, ohne darin etwas spielen zu müssen. Ernüchterung legte sich schonungsvoll über ihre Resignation und sie pausierte ihren Kopf im Einerlei.

Rubi spazierte an den Echsen vorbei und sah eine Bewegung hinter der wuchtigen Yucca-Palme am Ende des langgestreckten Raums. Etwas wundersam war es schon, dass der Wachmann dort in der Ecke stand, aber sie freute sich über sein Interesse an der Amphibienausstellung. Sie schlürfte an ihrem Kaffee und ging auf ihn zu, um ihm die Lurche zu erklären. Die Sammlung war zwar hauptsächlich auf Mitteleuropa beschränkt, aber es war auch so manch erwähnenswertes Exponat aus Asien darunter (von der Museumsleitung geordert, als man es sich um 1900 noch leisten konnte, eigens Wildsammler für solche Zwecke zu engagieren) und eine kleine, aber feine Sammlung aus Südamerika (die ein Gönner nach dem 2. Weltkrieg geschickt hatte, mit freundlichen Grüßen in die Heimat, *Heil Hitler!*).

Sie ging ein paar Schritte weiter und je näher sie kam, desto mehr beschlich sie die dunkle Ahnung, dass hier etwas nicht stimmte. Diese Person war viel schmächtiger als der Nachtwächter und von Kopf bis Fuß in schwarz gekleidet. Auf dem Boden stand eine große, dunkle Tasche und jetzt sah sie, dass sich die Gestalt an den Schaukästen zu schaffen machte. Rubi versäumte fast zu atmen und tippelte vorsichtig auf Zehenspitzen weiter. Auf dem Boden standen Präparatekästen, in der Vitrine nicht mehr ganz so viele. Die finstere Type bückte sich nach einem der Gläser und stopfte es in die Tasche. Als sie sich wiederaufrichtete, drehte sie sich um und blitzte Rubi aus zwei Löchern in ihrem vermummten Gesicht an.

»Äh, Entschuldigung?!«, platzte es aus Rubi heraus.

»Pscht!«, zischte die Gestalt zurück und hielt den Finger vor ihren maskierten Mund.

Rubi erstarrte zur Salzsäule. Der Plünderer tat es ihr nach und die zwei nachtaktiven Statuen stierten sich an. Eine mit einem Kaffee mit zwei Stück Zucker in der Hand, die andere mit einem Zagros-Molch in Formaldehyd. Das schwere Atmen unter ihren Rippen erweckte Rubi aus der Lähmung.

»Was machen Sie denn da?«, brüskierte die Kaffeeträgerin sich und ging näher. Sie hatte schlicht nicht darauf geachtet, Angst zu haben.

»Scheiße«, keuchte es unter dem Balaclava und Rubi erkannte, dass der zierliche Ganove eine Frau war.

»Hallo?!«, regte Rubi sich über die ausbleibende Antwort auf und kam noch näher. Obwohl sie fast beim Schaukasten angelangt war, regte sich die Amphibiendiebin nicht weiter und drehte ihren eingemachten Molch gemach zwischen den Händen. Sie war wohl nicht die agilste Vertreterin ihrer Zunft und enthielt Rubi damit die Möglichkeit zu reagieren vor. Forsch wagte die sich einen weiteren Meter vor.

Giftgrüne Zettel lagen in der Vitrine anstelle der Tiere verteilt. *HIER SEHEN SIE, WAS SIE NICHT MEHR SEHEN KÖNNEN! WELCOME TO THE 6TH MASS EXTINCTION!*, erklärte die empörte Überschrift in Fettdruck. Rubis Herz klopfte, aber nicht vor Furcht, es hatte einen anderen Rhythmus gefunden. Es war frivole Aufregung, die sie durchfuhr. Die Luft war zum Schneiden, so gespannt war alles darauf, was als Nächstes geschehen würde.

Sie ging noch einen, den letzten Schritt, auf die Szenerie zu. Die andere Frau verblieb in ihrem Stillstand; klinisch tot oder dazu bereit, jeden Moment zum tödlichem Sprung anzusetzen. Mit unaufhaltsamem Entdeckerdrang streckte Rubi ihren Arm aus und nahm einen der Zettel aus der Amphibienauslage. Sie schaute in die Augen der ungeladenen Besucherin und konnte ohne die darum liegende Mimik nicht das Geringste darin erkennen. Rubi zog die Nase hoch und las den Text der Flugschrift.

Mehr als 40% der Amphibienarten sind akut vom Aussterben bedroht. Tropische Regionen mit der größten Vielfalt sind am meisten gefährdet. Aber auch europäische Arten sind in Gefahr. Wissenschaftler prognostizieren, dass mehr als die Hälfte aller Frösche, Kröten, Salamander und Molche in Europa innerhalb von 40 Jahren aussterben könnten.

Amphibien sind auf sauberes Süßwasser und feuchte Lebensräume angewiesen und leiden unter Lebensraumverlust, Veränderungen der Wasser- oder Bodenqualität und den Auswirkungen der Klimakatastrophe. Aufgrund ihrer Empfindlichkeit und allgemeinen Abhängigkeit von terrestrischen und aquatischen Lebensräumen sind sie Indikatoren für die Gesundheit der Umwelt.

Klimakatastrophe stoppen! Lebensräume schützen!

SEI KEIN FROSCH! MACH MIT, SONST STERBEN WIR MIT IHNEN!

Rubi faltete das Blatt sauber Kante auf Kante und zwickte den Knick mit ihren Fingernägeln fest. Erst dann hob sie ihren Blick und legte ihn wieder auf die Einbrecherin, die in ihrem rabenschwarzen Kostüm und in ihrer fortschreitenden Stagnation recht fehl am Platz wirkte. Und das obwohl sich in diesen Räumlichkeiten herzlich wenig andere bewegten. Dann schweifte Rubis Augenmerk auf die Glasbehälter am Boden und auf die, die schon in der geräumigen Tasche verstaut waren. Wenigstens folgte der Eindringling ihrer Betrachtung und drehte den Kopf. Rubi glaubte langsam zu verstehen (was sie nicht verstehen konnte war, wie perplex die andere angesichts des ausbleibenden Theaters war).

»Sie wollen das alles mitnehmen?«, fragte Rubi und die Bedenken zogen ihre Augenbrauen zusammen.

Die andere machte den Rücken grade.

»Nein, nur 40 Prozent«, antwortete sie dann recht freundlich, als wäre damit alles erklärt.

»Und dann?«, erkundigte sich Rubi weiter.

»Dann merken vielleicht ein paar, was verloren geht«, kam es zurück und diesmal schwang ein nicht unerhebliches Maß der Anklage in der Stimme mit, selbst durch die gestrickte Skimaske hindurch.

Faustische Narretei stachelte Rubi an, diese kitzelnde Affäre noch nicht zu beenden und sie überflog den Brandbrief noch mal. Ja, Klimawandel, das wusste sie auch, dass der ins Haus stand. Und in ihren Hirnwindungen setzte sich etwas in Gang. Ein wenig beschwerlich, da nicht vertraut mit der Übung, doch unleugbar geweckt, befühlte ihre Psyche den verhängnisvollen Sachverhalt. Es zwickte noch mal elektrochemisch in den Synapsen und Rubi war peinlich überrascht von dem offensichtlichen Resultat: Am Ende ging sie das alles wirklich etwas an, wenn nicht gar ihre geschätzten Käfer.

»Und was ist mit den Ausstellungsstücken? Was passiert damit?«, setzte sie dem Offenbarungsansatz ungeachtet nach, leicht überrumpelt davon, wie sehr sie sich dem Hause verpflichtet gab.

»Die schicke ich an Zeitungen. Kommt alles wieder zurück, versprochen«, wurde ihr sachlich dargelegt und für die Täterin schien damit alles in bester Ordnung. Die Habachtstellung wich dahin und sie wedelte mit ihren kurzen Ärmchen, um das Gesagte zu unterstreichen.

»Wo ist der Wärter?«, brachte Rubi eine weitere Sorge aufs Tapet.

»In seinem Kabuff, vermute ich«, vermutete die andere, die übrigens Iana hieß.

»Lebendig?«

»Natürlich!« (Sie hatten beide keinerlei Vorstellung davon, wie lebendig dem Nachtwächter zumute war. Elke hatte tatsächlich auf seinen kleinen Liebesbrief voller Rechtschreibfehler und Kitsch reagiert. Nächsten Samstag würde er sie endlich zum Abendessen ausführen! Er würde einen Tisch in der Goldenen Kerze reservieren und seinen Anzug aus der Plastikhülle gleiten lassen, in der der Zwirn seit der Beerdigung seiner Mutter steckte. Mit etwas Glück würde er Elke am Ende küssen dürfen.)

»Wie sind Sie hier reingekommen?«, setzte sich das Verhör fort, dem sie sich beide verblüffend gewillt aussetzten.

»Durch die Hintertür.«

Rubi musste sich ihre eigene Frage gefallen lassen, ob sie hinter sich abgeschlossen hatte. Iana fummelte erneut ertappt am Dietrichset in ihrer Tasche und sagte erst mal nichts weiter.

»Einfach so?«, staunte Rubi nicht ohne Anerkennung.

»Als könnte sich ein zoologisches Museum Bewegungsmelder leisten ...«, belächelte Iana die Finanzen des Instituts und deutete zum Beweis auf die Pflanze neben sich: »Da hängt ein Pappmaché-Affe in der Palme.«

Das Ding sah wirklich furchtbar aus. Kein Kindergartenkind wäre stolz darauf gewesen, ein solch schrumpfköpfiges Wesen gebastelt zu haben. Die Kulleraugen aus Plastik waren das Schlimmste. Rubi ging mit der Analyse konform und sog die Unterlippe ein. Dann musste sie doch noch einmal auf die Taktlosigkeit eingehen: »Aber Sie können doch hier nicht so einfach reinspazieren!«

»Ich kann doch nicht so einfach den Planeten sterben lassen!«, konterte Iana und breitete herausfordernd die Arme aus, die dadurch auch nicht an Länge gewannen.

Auch wieder wahr, dachte Rubi in Hinblick auf das Tätigkeitsfeld von Umweltaktivisten, und das neugierige Kribbeln breitete sich weiter warm in ihr aus.

In Iana kribbelte es auch, aber ihre Regung war deutlich stärker von Unbehagen geprägt. Sie konnte immer noch nicht einordnen, was diese blasse Frau wollte, die um zwei Uhr nachts im Arztkittel durch ein Museum spazierte. Eine Aktion war schon Nervenfurore genug, dass sie jetzt noch eine Verrückte in die Karten gespielt bekam, passte ihr schlichtweg nicht. Trotz Hitzewallungen hatte sie Gänsehaut bis auf die Zähne. Sie kniff die Backen zusammen und ließ es über sich ergehen, bis ihr dann hoffentlich einfallen würde, was zu tun war.

Die andere musterte sie eingehend, obgleich es da nicht viel zu sehen gab. Ianas eklatanter Mangel an Optionen war misslich. Sie zwang sich zur Muße. Sie konnte die Frau ja nicht einfach umboxen. Was, wenn die Fahle buchstäblich krank wäre?

»Arbeitest du hier?«, fragte Iana, um sie friedlich beschäftigt zu halten, bis sie eine Strategie hatte. Sie redete mit fürsorglicher Arroganz zu Rubi, wie mit einem depperten Kind oder einer zugelaufenen Katze.

Rubi zog eine dünkelhafte Schnute, die die Schmeckmeier stolz gemacht hätte: »Was sollte ich sonst hier machen?«

Iana hob sachte ihre Schultern und legte den Kopf leicht schief. Da bemerkte Rubi, wie naiv ihre Antwort im Angesicht der Lage war, und ihre Visage verwandelte sich in Zitronenpudding.

»Hilfst du mir?«, erkannte Iana den Funken einer Chance, der einen die Blamage und ihr selbst die Festnahme zu ersparen. Rubis Herzen versetzte es einen Stich. Es war ein schöner Schmerz.

»Wieso sollte ich?«, fragte sie ohne Gegenwehr.

Iana weihte sie nur allzu gern ein: »Es ist auch dein Planet ...«, und hielt ihr zur genaueren Anschauung einen Pilzzungensalamander entgegen. Rubi schluckte, der Knilch war noch nicht mal im Borosilikatglas, so marginal war das Interesse der Welt an ihm.

»Das ist illegal«, musste sie trotz allem feststellen, wenn auch ohne Nachdruck.

»Das ist richtig.«

Rubi wusste nicht, worauf sich die Aussage bezog. Und sie war jetzt so erregt, dass sie ungesehen in die Duzerei verfiel: »Du schickst alles zurück?«

»Versprochen«, gelobte Iana, der nichts anderes blieb, als in dem ihr unverständlichen Drama mitzuwirken.

Das Eis war gebrochen, zumindest auf Rubis Seite. Sie grinste berauscht und war restlos fasziniert, wie unverbildet die andere war, wie unumgänglich ihr Handeln schien. Es war verboten, es war gefährlich, es war lebendig. Rubi wollte einen Teil davon haben. Sie musste!

Ianas Zuversicht torkelte immer noch wie ein besoffener Jongleur umher, gewahr, dass sie jederzeit stolpern konnte. Sie hatte es bis jetzt immer geschafft, die Kontrolle zu wahren, zumindest über sich selbst. Das sollte sich heute nicht ändern. Sie nickte der Verrückten also zu und machte sich daran, weitere Gläser in die große Reisetasche zu stecken.

Rubi pfiff anerkennend, als sie die Luftpolsterfolie und Kartonstücke für einen bruchsicheren Transport in der

Tasche entdeckte. Gemeinsam, aber schweigend räumten sie die schon individuell ausgestorbenen Amphibien ein. Rubi hörte gar nicht mehr auf zu grinsen, so viel Spaß hatte sie, und rettete ganz nebenbei die Welt. Wie viel Spaß Iana hatte, konnte sie nicht sehen. Vielleicht war es auch nicht von Bedeutung.

»Fertig«, sagte Iana, als sie den letzten Lurch verstaute und Rubi erhob sich aus der Hocke. Die Tasche war prall gefüllt und Iana zog den dicken Reißverschluss über ihrer Beute zu. Rubis Finger knackten, als sie sie schamhaft knetete. Sie wusste nicht, was nun von ihr erwartet würde und witterte sich beim Blick auf die Maskierte entblößt. Es war wirklich nicht einfach ohne Mienenspiel, monierte Rubi innerlich. Schon wieder standen sie sich ohne Worte gegenüber. Bevor Iana etwas sagen konnte, fiel es Rubi ein: »Moment!«

Mit flottem Schritt ging sie zu der gegenüberliegenden Wand. Iana zweifelte einmal mehr an der geistigen Gesundheit ihrer unliebsamen Komplizin. Die machte sich nun daran, den Schaukasten mit den Käfern aufzuschließen, pickte zielstrebig ein schwarzweißes Monster aus der Mitte, steckte es vorsichtig in ihre Kitteltasche und machte den Kasten wieder zu.

»Der ist für mich«, nuschelte Rubi als sie den Schlüssel im Schloss drehte und fühlte sich ausgezeichnet mit dem Goliathkäfer an ihrer Hüfte, als sei sie ihr eigener Robin Hood.

Rubi kam mit leuchtenden Wangen wieder bei ihr an und Iana schloss: »Okay«, und machte sich daran, die schwere Tasche anzuheben.

»Ich will mitmachen!«, schmetterte Rubi und überraschte sich selbst fast mehr damit als ihr Gegenüber.

Iana ließ die Tasche synchron zu ihrem Mut sinken: »Das hast du doch.«

Sie ließ sich nicht abwimmeln. Rubi reckte keck das Kinn: »Beim Verschicken.«

»Nein«, bestimmte Iana.

»Dann ruf ich jetzt den Wachmann«, kam die Antwort mit einem bedrohlichen Quengeln.

»Pfft«, blähte es durch Ianas Lippen, als sei das offenkundig Foulspiel.

Rubi und ihr Kittel traten einen Schritt vor, gerade über die Linie hinweg, die dem Behagen der Persönlichkeit diente: »Wieso hast du dein Gesicht verdeckt?«

»Damit wir uns in die Augen sehen können«, spulte Iana gefühllos ab.

»Zeig mir dein Gesicht oder ich schreie!«, ließ Rubi einige Säbel rasseln und drängte die Verhüllte damit an die Wand.

Iana war die verzwickte Lage gar nicht recht, sie dachte kurz nach und nahm aufgrund fehlender Eingebungen das Balaclava ab. Auf ihrer rot gefleckten Haut zeichneten sich die Abdrücke der Maske ab. Ihr Gesicht war nässlich, vor allem um den Mund, wegen des verfluchten Atems.

Rubi stand immer noch dicht vor ihr und begutachtete sie jetzt aufmerksam. Die Augen waren schöner mit einem Kopf drumherum, die kleine Nase etwas krumm und beringt. Und müde sah sie aus, abgespannt. Mit einem hastigen Griff riss Rubi ihr eins der blonden Haare vom Schopf.

»Aua!«, beschwerte sich Iana.

»Ich weiß, wie du aussiehst und ich hab deine DNA«, fuchtelte sie triumphierend mit dem Haar vor der Nase der Besitzerin herum.

Die schaute auf die entwendete mitochondriale DNA und gab klein bei: »Okay, okay.«

»Gib mir deine Nummer«, verlangte Rubi und schob das Kinn noch ein Stück weiter vor.

»Und wenn ich dir ’ne falsche aufschreibe?«, frage Iana und ärgerte sich sogleich, dass ihre Schlauschwätzerei sie nun den einfachen Ausweg gekostet hatte.

»Hm ... Ich geb dir meine. Warte.«

Rubi zupfte den Stift aus ihrer weißen Brusttasche und wühlte dann nach einem Zettel in ihrer Hose. Eilig, mit rausgestreckter Zunge notierte sie die Ziffernreihe und hielt ihr das Papierchen entgegen. Iana steckte es kommentarlos ein.

Rubi ging in der Situation auf wie ein Hefeteig in der Sonne. Ohne begreifen zu können warum, genoss sie jeden Moment und erkämpfte sich einen mehr: »Wie heißt du eigentlich?«

»Sag ich nicht.«

»Ich schreie ...«, mahnte sie und stemmte die Hände in die Hüften.

Iana hielt kurz inne und rollte mit den Augen.

»Louise Michel«, log sie dann und sprach den Namen dabei schmerzhaft deutsch aus. Die andere schluckte es und guckte sie mit erwartungsvollen Augen an. Iana erbarmte sich: »Und du?«

»Rubi«, sagte sie und mimte einen halben Diener.

Das Zeremoniell war zu viel für Iana. Sie setzte die Maske wieder auf, schulterte endlich die Tasche und sagte barsch: »Wenn du mich verrätst, zieh ich dich mit rein.«

Rubi sagte nichts und ihre neue Heldin ging gebeugt unter der Last davon.

»Du rufst mich an?«, rief Rubi ihr hinterher.

»Ja«, antwortete sie ohne sich umzudrehen und ging weiter.

»Versprochen?«

»Ja doch!«

Sie war jetzt nahe der Flügeltür.

»Wie kommst du raus?«, fragte Rubi und stellte sich auf ihre Zehenspitzen, als würde das ihre Worte befähigen, sich auf die andere Seite des Raumes zu katapultieren.

Iana blieb stehen und erklärte über ihre Schulter: »So wie ich reingekommen bin.«

Dann bog sie um die Ecke und verschwand. Rubi schien, sie hätte unter ihrer Vermummung gelächelt. Selbst ein wenig durcheinander, sortierte Rubi ihre Hände in die Hosentaschen, wippte auf den Ballen und sagte, mangels weiterer Anwesender, zu sich selbst: »Schönen Abend noch.«

Sie nahm ihren Kaffeebecher von der Vitrine und ging mit ihrem Goliath zurück in den Keller.

Hastig räumte sie ihren Arbeitsplatz auf. Die Forelle stopfte sie ohne Zuhilfenahme ihrer Expertise zurück in das alte Glas und kippte die Aufbewahrungslösung ungeduldig darüber. Für ein paar Stunden würde es so genügen. Der Fischkopf presste sich gegen die Scheibe und matte, ungläubige Augen fragten sie, was das alles sollte. Sie schob das Glas beiseite, warf die nassen Tücher in den Eimer unter dem Tisch und ließ sich nicht die Zeit, darüber nachzudenken, wo sie hineingeraten war. Rubi sauste durch diese Minuten, die köstlich wie stibitzte Kirschen schmeckten, und wollte es nicht genau wissen. Sie genoss das sonderliche Tohuwabohu (in ihrem Unterbewusstsein siedete zwar die Befürchtung, ihre Machenschaften könnten auffliegen, aber da ihre endokrinen Drüsen Dopamin ausschütteten, wie der Köbes Bier an Karneval, merkte sie das nicht) und zudem war Eile geboten.

Es war kurz nach drei als sie sich auf ihr Rad schwang und in Rekordzeit über die umschatteten Straßen nach Hause sprintete. So wie die Straßenzüge und schemenhafte Verkehrslichter an ihr vorbeiflogen, fegten Gedankenfetzen durch ihr Hirn. *Wer war diese Louise? Waren sie wirklich inmitten der 6th mass extinction?* Der wissenschaftliche Teil von ihr fand es nicht nur erschreckend, sondern auch höchst interessant, an diesem Großereignis teilzuhaben. So hatte sie das noch nie gesehen. Bemerkenswert, wie manche sich da reinfuchsten, solche Katastrophenexperten und Anti-Apokalypse-Akteure.

Ein Zauber, gleich den humboldtschen Entdeckungsreisen, schimmerte in den Rätseln dieser Nacht. Nur gab es die passenden Universalgelehrten nicht mehr, weil die Kenntnisse zu viele waren und noch dazu so viel Falsches gewusst wurde.

Zuhause angekommen besprühte Rubi ungeduldig den Boden des Terrariums. Die Larven würden ihren Vater nicht vermissen. Wenn sie aus ihren Eiern schlüpften, würden sie niemanden erwarten (anders als die Totengräber, die für ihren Nachwuchs ganze Kadaver von Vögeln oder Mäusen bereitstellten, vernachlässigten Rosenkäfer ihre Brut aufs Schändlichste. Keine Krume haben sie für sie übrig).

Dann stürzte sie an ihr Pult. Mittlerweile war Rubis Kunstwerk fast fertig. Nach einer weiteren Nacht im Tiefkühlfach war der Käfer endlich fertig mit Sterben gewesen und sie hatte seine Verwandlung einläuten können. Nun war die Zeit für den Feinschliff gekommen.

Sie knipste die Lampe an, wartete bis ihre Hände nicht mehr zitterten und begutachtete ihr Model. Prunkvoll wölbte sich sein Mantel aus Tag und Nacht. Die Panzermusterung war ihr herrlich gut gelungen, fast genauso gut wie der neue Kopf. Sie hatte sogar das kleine gegabelte Horn daran gebastelt und dem Ursprungstier somit wenigstens die Männlichkeit gelassen. Bisher hatte sie nur die Vorderbeine verdickt und verlängert. Stramme Femure und formidable Tarsen machten die Beine nun fast dreimal länger als zuvor. Die hinteren vier Gliedmaße muteten im Vergleich schmächtig und verkümmert an, aber das musste wohl reichen. Sie hatte nicht die Zeit, noch mehr zu modellieren. Alles was sie noch tun konnte, war, die kurzen, dicken Fühler, die sie aus den alten Antennen gebastelt hatte, anzukleben. Das Spreizen der Flügel hatte sie sich von vornherein gespart, der Unterschied wäre entschieden zu auffällig gewesen. Rubi trocknete den Kleber mit dem Föhn und passte auf, ihren schönen Ikarus nicht zu verbrennen. Dann drehte sie ihr Geschöpf zur finalen Sichtung unter der Schreibtischlampe und ihr *Goliathus falsus* erstrahlte im Licht.

Rubi nahm den echten Goliath aus ihrer Butterbrotdose, wo er sorgsam drapiert auf Küchenpapier lag. Sie glotzte ihn andächtig an, bis ihr Blick glasig wurde. Dann nahm sie den verstaubten Strauß getrockneter Wildblumen aus dem Setzkasten und stellte ihn auf die Fensterbank. Mit oberster Vorsicht setzte sie den wahren Goliathkäfer an seinen neuen Platz, vollends überzeugt, dass sie sich nicht mehr mit Staffagen zufriedengeben musste.

Sie zog sich den Mantel wieder an. Sie hatte keinerlei Verlangen zu rasten. Flüssige Elektrizität durchschwamm ihre Zellen und wenn sie nicht in Bewegung blieb, war zu befürchten, sie zerriss an all der Energie, und so eilte sie ungebremst zurück ins Museum.

Der Nachtwächter schlief mit hochgelegten Beinen und einem surrenden Schnarchen in der Portiersloge. Man konnte es ihm um diese Uhrzeit weiß Gott nicht verübeln. Auf Zehenspitzen schlich Rubi an ihm vorbei und versuchte, sich in sich selbst zu verstecken. Sie wollte ihm nicht noch mehr Unannehmlichkeiten bereiten. Der Wärter grunzte und lallte sehnsüchtig im Schlaf: »... Elke.«

Rubi huschte ins Treppenhaus und ging umgehend zum Schaukasten der Baumsavannen-Insekten. Sie guckte sich einmal um, war dabei viel zu nervös, um etwas zu erblicken, schloss den Kasten auf und setzte den Möchtegern-Goliathkäfer in sein neues Reich. Er schien etwas verloren zwischen seinen neuen, namhaften Kameraden. Er würde sich schon daran gewöhnen, und der Glasdeckel schloss sich.

Rubi traute sich nicht mehr, als im Vorbeigehen einen flüchtigen Blick auf die Amphibien zu werfen, deren halb verwaiste und mit Flyern gefüllte Vitrine jetzt eher einem schwarzen Brett voller Aushänge und Annoncen glich.

Zurück im Atelier machte sie sich an ihre Forelle, um das Missgeschick der letzten Nacht wettzumachen. Außerdem wollte sie hier sein, wenn die anderen kamen. Sie wollte ihre Reaktionen sehen, darauf, dass die Exponate fehlten, darauf, was dort jetzt stattdessen zu bestaunen war.

Um 6:30 Uhr normalisierte sich ihr Hormonhaushalt allmählich wieder. Mit der einsetzenden Müdigkeit schlich sich prophylaktischer Kummer bei ihr ein. *Was, wenn sie ihre Mittäterschaft aufdecken würden? Wozu hatte sie das gemacht?* Rubi rieb sich die Augen. Nein, das war es wert gewesen.

Was dieses *es* überhaupt war, musste sie selbstverfreilich noch herausfinden. Die Bestimmung des eigenen Wollens, Handelns und Seins flog einem nicht zu wie bunte Werbeprospekte. Es peinigte sie regelrecht, ihren Finger nicht darauf legen zu können und sie verklebte stattdessen die Glasbügel für ihren Fisch.

Um acht kamen die ersten Kollegen eingetrudelt. Rubi barst fast vor Aufregung, wie ein überhitztes Teekesselchen, und hätte am liebsten laut geschrien.

»Morgen«, grüßte sie ein bis zwei Oktaven zu hoch.

Für Peter war es noch zu früh für Nuancen und er knallte seine Aktentasche auf den Tisch.

»Immer noch hier?«, fragte er mürrisch ohne sie eines Blickes zu würdigen (er war wirklich kein Frühaufsteher, und dass er gestern die Flasche Obstler mit seinem Busenfreund Jörg geleert hatte, war im acetaldehyden Nachhinein betrachtet vielleicht doch nicht die beste aller Ideen gewesen).

Rubi hielt ihm die Bachforelle im nagelneuen Borosilikatglas entgegen. »Ich wollte das hier noch fertig machen.«

Peter brummte seine Zurkenntnisnahme, stopfte einen Stoß Papiere in seine Tasche und verschwand. Rubi starrte die Tür an, die er zugeknallt hatte, und wartete. Nichts passierte.

Für ein paar Minuten beschäftigte sie sich mit dem Sortieren ihres Präparationsbestecks, was aber nicht nennenswert durcheinander war. Dann schritt sie im Atelier auf und ab, strich dabei mit ihrer Hand über die Tischplatte und fragte sich, warum es so lange brauchte.

Dann hielt sie es nicht mehr aus, ging zum Kaffeeautomaten und scharwenzelte fahrig im Flur umher. Die Schmeckmeier und Peter waren in ihren Büros. Rubi ging wie auf heißen Kohlen, aber sie wollte den Vorfall nicht selber melden. Als auf dem Flur lange genug nichts passiert war, nötigte sie sich, in den Keller zu gehen, um nicht von ihrer eigenen Spannung und Erwartung überlistet zu werden und laut *Einbruch!* zu rufen.

Sie ging die Ausstellungsliste durch, um zu sehen, wer ihr nächster Kandidat für einen neuen gläsernen Bottich war. Es war unmöglich, sich zu konzentrieren. Zu guter Letzt kam Peter hereingestürzt. Ihm platzten bald die Backen, so sehr regte er sich auf. Er zeterte los und Spucketröpfchen schossen mit seinen Worten aus dem Mund: »Es wurde eingebrochen!«

Er schwang ein grünes Papier umher, als würde das etwas erklären. »Die Polizei ist auch schon unterwegs!«, fügte er bedeutsam hinzu (just in diesem Moment hielten die Polizisten am Büdchen in der Budapester Straße erst mal für einen Kaffee an. Es drückte sie nicht allzu dringend).

»Was? Wie? Wann?«, tat Rubi geschockt und ihr Körper hakte kurz, als sie versuchte, sich an eine Geste der Bestürzung zu erinnern. Peter nahm das nicht wahr und stampfte mit langen Schritten durch den Raum. »Das muss letzte Nacht gewesen sein!«, und saurer Schnaps stieß ihm auf.

Da kam die Schmeckmeier zur Tür hindurch gehechelt und sank ermattet an Peters Schulter: »Diese Terroristen!«

Völlig außer sich guckte sie ganz verloren aus ihrer gemangelten Wäsche. Peter ging unachtsam einen Schritt zur Seite und die Schmeckmeier schlingerte auf schiefen Absätzen und noch schieferen Beinen hinterher. Peter sah Rubi an und rief auf: »Du bist doch nachts hier! Hast du denn nichts bemerkt?!«

Rubi versteinerte und setzte alles daran, jetzt nichts Falsches zu sagen: »Nein.«

Er schaute sie düster an, die Schmeckmeier fand ihre Zeugenaussage offenbar auch mangelhaft und gab mahnende Blicke hinzu. Rubi hob entschuldigend die Arme. Peter ließ decouragiert den Kopf hängen. Die Schiefbeinige schenkte ihr statt eines Lächelns aus Versehen ein Zähnefletschen. Ihr krunkeliger Mund zuckte noch mehr als sonst und den Schneidezahn oben links zierte ein Schmier Lippenstift. Es war ein Genuss, die Scharteke so zu sehen. Rubi verbot sich das Lächeln, was nicht einfach war, war sie doch erfüllt von kindlicher, nein besser, diebischer Freude.

»Was ist denn passiert?«, informierte Rubi sich indes ordnungsgemäß.

»Ein Angriff!«, lamentierte die Schmeckmeier. »Sie sind mitten unter uns!«

Sie siechte fast dahin vor Höllenqualen. Selbst Peter war das ein Gran zu viel und er unterbrach seinen eigenen Tobsuchtsanfall, um eine indignierte Furche in seine Stirn zu ziehen. Dann antwortete er: »Irgendwelche Ökospinner haben die Amphibien geklaut!«, und drückte ihr das Pamphlet in die Hand.

Sie zwang sich, darauf zu gucken, obwohl sie doch viel mehr Spaß daran hatte, die Schmeckmeier zu beobachten. Unter Schnappatmung tupfte die sich das Gesicht mit einem Taschentuch ab, stieläugelte nach Peters Mitleid, um dann ignoriert und aufgelöst an ihren goldenen Ohrringen mit Feueropalbesatz zu zuppeln.

»Die Kameras!«, plärrte Peter plötzlich seine Eingebung heraus. »Wir müssen die Kameras checken!«

In Rubi zog sich alles zusammen, daran hatte sie nicht

gedacht. Während sie innerlich starb, wollte Peter schon aufspringen, hielt sich dann aber selber auf.

»Äh«, und er rieb sich aus Verlegenheit die Nase, »wo guckt man sich die Bänder denn an?«

Die Schmeckmeier zerfiel bald in ihre Einzelteile, diesmal war es das Herz, das ihr in die Hose rutschte: »Die Kameras sind nicht angeschlossen.«

»Was?!«, konnte Peter es nicht fassen.

»Das machen wir im nächsten Haushaltsjahr. Sparmaßnahmen«, fiepte es aus ihrem zugeschnürten Rachen und die dünne Unterlippe zappelte und zuckte, wie etwas, das starb.

»Ohgottohgottohgott«, beklagte sie dann fix ihren Makel, damit es ja kein anderer tat und griff nach Peters Hand. Der riss sich los und ballte die Faust: »Der Nachtwächter. Wenn ich den in die Finger bekomme!«

Rubi wurde es bei der Drohung flau im Magen. Da stürmte Peter schon genauso angespitzt zur Tür hinaus, wie er hereingekommen war. Die Schmeckmeier stackselte ihm im Schnellschritt hinterher und nahm den Großteil von Rubis schlechtem Gewissen mit. Im Treppenhaus hörte sie die Schwindsüchtige noch den einen oder anderen Gott anrufen: »Terroristen! So helfe man uns doch!«

Niemand hatte den Goliathkäfer erwähnt und Rubis Grinsen konnte endlich die Fassade brechen.

*

Iana hatte lange geschlafen, wie so oft nach Operationen wie dieser. Sie hetzte sich tagsüber schon zur Genüge, da brauchte sie sich des Nachts von keinen Gedankenkaskaden scheuchen zu lassen und machte es sich stattdessen im warmen Bau der träumerischen Bewusstlosigkeit bequem.

Am Mittag ging sie dann am See laufen, um mit jedem Hüpfer ihren Kopf ein wenig weiter zu entleeren, als schwappte all die wache Schwere ihr dabei links und rechts zu den Ohren heraus. Obendrein ergatterte sie die erste Frühlingssonne, die ihr frech in die Augen schien. Als sie keuchend am Steg zum Stehen kam, stützte sie die Arme auf die Knie und wartete darauf, dass ihr Kreislauf ihr hinterherkam. Der Schweiß rann ihr über die Nasenspitze, von der sie nicht wusste, ob sie kalt oder warm war.

»Fuck it«, sagte sie zwischen zwei tiefen Atemzügen zu sich selbst, streifte ihre Schuhe und Klamotten ab und machte mit Anlauf einen splitterfasernackten Kopfsprung in den See. Fast glaubte sie, ihr Herz würde aufhören zu schlagen, als das Wasser ihr seine bitterkalten Moleküle bis unter die Zehennägel jagte. Dann kraulte sie ein paar Züge und ihr geschundener Körper überlegte es sich anders und prickelte vergnügt.

Ihr war, als müssten ihre Lippen blau sein und sie hielt sich ein Nasenloch zu, um das Gemisch aus Tümpelwasser und Schnodder aus dem anderen auf den Boden zu schnauben. Iana wischte sich erst die Nase und dann die Finger an den Oberschenkeln ab, dann guckte sie beschämt in die Runde Trauerweiden, die den Rand des Sees säumten. Über die letzten Meter zurück zum Bauwagenplatz hatte sie sich keine Gedanken gemacht. Also streifte sie zitternd und fluchend die verschwitzten Sachen über die nassen Arme und

Beine und rannte schneller als zuvor. Ein Schwarm Spatzen lachte sie mehrstimmig aus, als er flatternd von einem Busch zum nächsten zog.

Sie riss die Tür ihres Wagens auf, klaubte das große Handtuch von der Stuhllehne und ging zu den Duschen am anderen Ende des Geländes. Als sie darauf wartete, dass das Wasser warm wurde – sie wusste, dies war Verschwendung, aber sie konnte nicht noch mehr Nass unter 30 Grad ertragen –, sprang sie von einem Bein aufs andere und verteufelte sich für ihre dummen Ideen.

Zurück in dem umgebauten Gemüselaster klappte sie die Tischplatte von der Wand und machte den Wasserkocher an. Jeder Winkel des Wagens war aufs Praktischste verbaut. Unter dem Bett im vorderen Teil der Ladefläche waren große Schubladen, zusammengetrümmert aus Europaletten und anderen Bauresten – perfekt für das Verstauen von riesigen Sporttaschen voller Einmachgläser und ähnlichen Sammeleien. Gegenüber der schmalen Kochzeile stand das Bücherregal, mit einhängbaren Leisten, damit beim Fahren nichts herauskrachte. Die Ecke wurde von einem alten, schmierigen Samtsessel gefüllt, vor dem sie jetzt den Tisch ausgefaltet hatte und den Klappstuhl von der anderen Seite heranschob. Die Wände dieses kruden Puppenhauses waren mit diversen Haken fürs Allerlei gespickt: Jacken, Werkzeuge, eine Gasmaske und das verbogene Federballset hingen wie müde Falter vor etlichen Postern von Demonstrationen und Konzerten.

Sie war nicht nur heilfroh, dass Stef ihr den Wagen überließ, während er auf dem Balkan war (wo er Menschen auf der Flucht auflas, notversorgte und in die wenigen autonomen Einrichtungen brachte, in denen sie den nächsten

Reiseabschnitt planen konnten, ohne von Uniformierten zu Brei geschlagen zu werden. Wenn er damit fertig war, poussierte er mit Kati, die hoffentlich nicht das Weite suchen würde, wenn sie sein Prinz-Albert-Piercing entdeckte), sondern auch, dass er beim Ausbau großen Wert auf die Isolierung gelegt hatte. Wenn die Heizung einmal loslegte, war es schnell so warm, dass man verzweifelt die Fenster aufriss. Im Moment erfreute sich Iana des Brutkastens.

Sie hatte schon lange kein eigenes Heim mehr, dafür war sie zu viel unterwegs. Das war besser für die Seele und das Vorstrafenregister, fand sie (ihrem Vater hatte sie erzählt, es würde daran liegen, dass sie nicht Fensterputzen könne und die Wohnungen mit der Zeit immer so dunkel würden. Er hatte nicht gewusst, was er darauf hätte antworten sollen und umfuhr die Thematik seither großräumig).

Sie kippte das kochende Wasser in die Kaffeepresse, setzte sich und knibbelte an einem der Aufkleber auf der Tischplatte. Sie wärmte ihre linke Hand derweil an der heißen Kanne und wartete darauf, dass sie das Sieb hinunterdrücken konnte. Genauso wirr, wie das Treiben der einzelnen Bohnensplitter in der braunen Brühe, schien Iana ihr Geist nun zu verwirbeln. Sie haderte mit sich, ob sie die Verrückte, diese Rubi von gestern Nacht, anrufen solle oder nicht, und kam zu keinem Ergebnis. Sie legte den Zettel mit der Telefonnummer vor sich auf den Tisch und strich ihn mit den Fingern glatt. Es war eine richtige Mädchenschrift, befand sie verächtlich. Sie drückte den Kaffee runter und fragte sich, ob Stef noch irgendwo Kekse versteckt hatte.

Wie der letzte Gollum kramte sie durch seine Schubladen und Schränke auf der Suche nach Gebäck. Sie wusste, er würde es genauso machen. Seit zwei Monaten war sie jetzt auf dem Platz und würde bald weiterziehen müssen, sie würde sonst auch noch kirre werden.

Sie reiste durch alle Lande, angetrieben von Tatendrang, Reisefieber und dem Wunsch, die Kämpfe zu verbinden. Es gab so viele gute Leute da draußen, die musste man doch irgendwie zusammenkriegen. Wo blieb die Revolution? Das verdammte Networking mit all seinen unverbindlichen Klicks hatte den eigentlichen Schulterschluss nahezu unmöglich gemacht.

Iana genoss die Rumtreiberei, auch wenn ihr klar war, dass all das gemeinsame Limoncello-, Ouzo- und Rum-Trinken zwar viel Pathos, revolutionäre Schwüre und manchmal auch eine Spontanbesetzung hervorbrachten, es aber etwas anderes war, an großen Vorhaben zusammenzuarbeiten. Dafür hatte jeder zu viel vor der eigenen Haustüre zu tun. Ein weiterer Grund für Iana, erst gar keine zu haben. Sie sprang überall mit rum und ging dahin, wo sie am meisten gebraucht werden wollte. Dann versackte sie für einige Monate in einem Projekt und schon zerrte es sie wieder weiter.

Ferner konnte sie nicht gut mit Menschen, zumindest nicht auf Dauer. Ein paar musste man trotzdem mögen. Es war dann aber erst recht besser, man verweilte nicht länger. Dann lernten die Leute einen nicht zu genau kennen und umgekehrt. Ihr Nomadentum schützte sie vor einem Haufen Desillusionierung.

An schäbigen Tagen fragte sie sich, ob es denn überhaupt in Ordnung sei, immer nur Brandbekämpfung zu betreiben, und nie an der Utopie zu bauen, nie eine Gesellschaft mitzuformen. Sie lebte in einer perfekten Blase, in der sie sich nie dauerhaft mit einer Gemeinschaft auseinandersetzen musste. Ach, nicht eine – ganze Schwärme von schillernden

Seifenblasen, zwischen denen sie wählen konnte, hatte sie. Und der trübe Moment war vor lauter Fantasterei wieder so schnell vorbei, wie er gekommen war.

Sie zog an der Zigarette, nahm den Zettel in die Hand und stieß den Qualm durch die Nase aus. Diese Rubi hatte einfach mitgemacht. So etwas war Iana vorher noch nie passiert. Man freute sich heutzutage ja schon, wenn jemand auf einer Demo mitskandierte (Iana ging kaum zu Demonstrationen, seit diese zu einer modernen Freizeitbeschäftigung zum Füllen der eigenen Sozialen Medien avanciert waren; eine rein symbolische Formierung von Macht ohne Substanz, die zudem auf wenige Stunden beschränkt und damit für die Katz war. Es war ihr völlig unverständlich, was all diese Handys auf einer polizeiflankierten Zusammenkunft zu suchen hatten, um daraus selbstbeweihräuchernde Festzüge zu machen. Da konnte sie auch zu den Katholiken gehen. Wenn Demonstrationen etwas bringen würden, dann wären sie verboten. Und nur an solchen nahm sie teil).

Das Kittelmäuschen hatte weder Alarm geschlagen noch sie von irgendetwas abhalten wollen. Im Gegenteil, sie hatte Spaß gehabt. Jetzt musste Iana trotzdem noch herausfinden, ob es besorgniserregend oder bewundernswert war, dass Rubi keine Angst gehabt, sondern sich dreist dazugesellt hatte.

Zigarettenrauch biss ihr im Auge und sie wischte ein Geschwader Ascheflocken vom Tisch. Der Kaffee schmeckte auch nicht, sie hätte länger warten sollen. Aber worauf wartete sie jetzt? Egal wohin sie ging, in die gestürmten Fabriken, zu den Hunt Sabs oder in den besetzten Wald, überall brauchte man mehr Leute. Man brauchte ja alle Leute, am Ende. Es lag also durchaus im Bereich des Möglichen, dass

Ianas misanthropisches Rumgeprökel der Sache unnötig im Wege stand. Es sei denn, diese Rubi mit ihrem debilen Grinsen war auf unpassende Art irrsinnig.

Iana ondulierte zwischen Paranoia und ihren überhöhten Ansprüchen an alle und sich selber. Sie hatte sich schachmatt gesetzt, legte den Zettel erst mal weg und spähte aus dem Fenster. Draußen im Nieselregen ging Ratten-Mandy mit dem pinken Iro und ihrem wuchtigen Hund spazieren (sie hatte ihn von der Kette am Schrottplatz geklaut und ein Fenster für ihren Wagen gleich mit. Seitdem waren die zwei unzertrennlich. Es sei denn, Ernesto sah ein Kaninchen, dann vergaß er die Verbundenheit zu seinem Menschen und war auf und davon. Ratten-Mandy lobte ihn dann für seine Autonomie).

Ratten-Mandy hob die volltätowierte Hand zum Gruße und ging am Gemeinschafts-Hochbeet vorbei vom Platz. Max stiefelte ihr gebückt mit einem breiten Korb entgegen, der mit einer großen Mülltüte abgedeckt war. Mit dem zu kurz gestrickten Ringelpulli sah er noch länger aus, als es der schlaksige Hüne eh schon war.

Ratten-Mandy nahm sich zwei Brötchen aus dem Korb und gab eines an Ernesto weiter, der den Ausschuss vom Bäcker (der Bioladen konnte es selbst nicht fassen, was da alles weggeworfen werden sollte und ließ sich die unsinnig unverkäuflichen Teigwaren bereitwillig aus dem Müll klauen) sabbernd und wedelnd akzeptierte. Die Zweibeiner schnackten kurz im Wind, der pinke Iro hielt jedem Wetter stand, Ernesto ging schon mal in den Wald. Dann holperte Max auf Ianas Wagen zu und sie öffnete die Tür. Die bärtige Strickpulloverstange blieb draußen stehen und der knisternde Müllbeutel war drauf und dran davonzufliegen.

»Hi. Willste ’nen Kaffee?«, bat Iana ihn herein.

»Nee danke, keine Zeit. Willst du Brötchen?«, fragte er zurück und hielt ihr den Korb entgegen.

Iana trat über das Treppchen aus dem Wagen und suchte sich zwei Brötchen aus. Dann stopfte sie die Plastikfolie wieder in den Ecken fest und fragte geradeheraus: »Max, soll ich oder soll ich nicht?«

»Was denn?«, hätte er gerne zu Evaluierungszwecken gewusst.

»Kann ich nicht sagen«, bedauerte sie und feixte, »keine Namen, keine Strukturen!«

Max war das gewohnt, verstand, dass er nicht alles verstehen musste und antwortete nach reiflicher Überlegung: »Ja.«

»Okay«, bedankte sie sich bei ihrem Orakel.

Max lächelte ihr zu, das sei doch selbstverständlich, und machte sich auf zum nächsten Wagen. Zum Anklopfen trat er mit dem Fuß gegen die Tür. Da sich diese wiederum einen Meter über dem Boden befand, waren die nötigen körperlichen Verrenkungen nicht unerheblich. Wie er dabei seinen Korb voller Backwaren balancierte, sah er aus wie ein Simpel, der zu Hofe tanzte, und rief fidel: »Zimmerservice!«

Iana machte ihre Tür zu und kaute gedankenverloren auf einem der trockenen Brötchen, bis es ihr reichte. Sie klopfte sich die Krümel vom Hemd, rief Rubi mit unterdrückter Nummer an und stach durch wenigstens eine ihrer Blasen.

Iana beobachtete Rubi vom Hügel aus. Angelehnt an die knorrige Kastanie rauchte sie eine Zigarette und wartete ab, ob sie hinuntergehen würde oder nicht. Rubi stand an dem trockenen Brunnen, dessen Figuren lumpig nach Luft schnappten, statt Wasser zu speien. Unten im Park gingen die Leute spazieren, als sei nichts. Ein altes Paar saß auf der Bank und brauchte sich nichts zu sagen, weil sie noch immer Händchen hielten (Jakob erzählte trotzdem gern von seinen neuesten astronomischen Funden mit dem Heimteleskop, nicht zuletzt, weil es seit 37 Jahren die Begeisterung seiner Marianne weckte, für die wegen ihres Grauen Stars schon die Deckenleuchten aussahen wie Dunstlichter ferner Galaxien). Rubi petzte ihr Gesicht zusammen und wandte sich suchend hin und her. Ein Jogger mit musikalischer Verkabelung bis hin zum Arm kam vorbeigehetzt, der Müll sammelte sich um die Eimer am Wegesrand und die Muttis schoben ihre Kinderwagen mit einem Latte Macchiato Pumpkin Spice in der Hand zum Spielplatz, ganz ohne Aufstände zu planen, obwohl da immer noch keine Väter standen.

Iana drückte ihre Zigarette am Schuh aus, steckte den Filter ein und raffte sich auf. Mit zurückgelehntem Oberkörper trabte sie den matschigen Rasen hinunter zum Brunnen.

»Hi«, sagte sie, als sie dicht hinter Rubi stand, die sich erschrocken umdrehte. Als sie ihre Verabredung sah, schwenkte sie ihren Kaffeebecher übermütig, der sich bedauerlicherweise in der Hand befand, die sie Iana entgegengestreckt hatte: »Hi!«

Iana wich zurück, dehnte kritisch ihre Nasenlöcher und fragte: »Hast du dein Telefon zu Hause gelassen?«

Rubi nickte engagiert. »Ja!«, und war ihrer Meinung nach damit fast eine Geheimagentin.

»Gut«, sagte Iana, als sei es nicht aufregend und deutete auf eine Bank am Rande des Kieselpfads.

Rubi setzte sich und schlug die Beine übereinander. Iana schwang ihren Hintern auf die Rückenlehne und stellte den

Rucksack zwischen ihre Beine. Rubi wähnte sich uncool und trank betreten an ihrem Kaffee.

»Was willst du?«, wollte Iana wissen und guckte dabei in Richtung des Brunnens und nicht auf Rubi.

Die stutzte: »Das hab ich doch gesagt. Ich will mitmachen.«

Sie lehnte jetzt mit ihren Ellbogen auf den Knien und fragte Rubi direkt ins Gesicht: »Wieso?«

»Weil's auch mein Planet ist«, plapperte diese ihr nach. Wenngleich es unbestreitbar stimmte, glaubte Rubi selber nicht, dass das alles war.

Iana lächelte sie zum ersten Mal an und drehte sich dann eine Zigarette. Bevor sie das Blättchen anleckte, bemängelte sie trotzdem: »Ich kenne dich nicht mal.«

»Du hast mich aber da reingezogen«, argumentierte die Ungekannte kühn.

»Reingezogen?«, staunte Iana mit besonders hochgezogenen Augenbrauen.

»Oder wäre dir ein anderer Ausgang lieber gewesen?«, fragte Rubi jetzt kess und hatte keine Lust, sich weiter anbiedern zu müssen, »Du bist für mich verantwortlich.«

Iana zog eine Fratze: »Du bist verantwortlich! ... für alles.«

»Hä?«, brüskierte sich Rubi.

»Ich schulde dir doch nichts. Und du mir nichts. Es geht um die Sache, der schulden wir was«, schnappte es zurück.

Die Räder eines platten Fahrrads knirschten auf dem Kies im Park, der sich in seiner sonstigen Ruhe sonnte und sich dabei von der schwülen Luft benetzen ließ.

»Die Sache«, beschwor Rubi im Flüsterton und nahm den Plastikdeckel mit Entenschnabel von ihrem Becher ab. Iana, die ihre Hände auch beschäftigen musste, zog ihre Trinkflasche aus dem Rucksack. Rubi sah den grellen Sticker darauf, *If you are not angry, you are not paying attention*, und guckte bußbereit in ihren Wegwerfbecher. Iana qualmte weiter.

»Was machst du eigentlich im Museum?«

»Ich bin Präparatorin.«

»Bah!«, verbalisierte Iana ihren Ekel relativ einfallslos.

Mit der Furcht vor der eigenen Bedeutungslosigkeit legte Rubi es auch sich selbst zurecht: »Ja, aber wir müssen doch wissen, was wir haben, damit wir wissen, was wir verlieren.«

Iana blickte sie ausdruckslos an: »Und? Hilft's?«

»Ich bin hier, oder?«, verwies Rubi bockig auf die Faktenlage, bevor zu schnelle Urteile gesprochen wurden.

Iana steckte die Trinkflasche ein und spielte dann teilnahmslos mit dem Schieber des Reißverschlusses an ihrem Rucksack. Sie war weiterhin unschlüssig, ob sie sich das antun sollte. Es war ein Risiko, sicherlich. Und es nervte, ohne Frage. Andererseits brauchte sie nicht *A las Barricadas* zu singen, nur um dann nicht mit einer anwärtigen Mitstreiterin zu reden. *War sie etwas schuldig?*

Das Schweigen wurde Rubi langsam schwer: »Louise?«

Iana reagierte nicht, bis es sie innerlich durchzuckte, *ach so, ja!*, das war sie. Sie warf ihre Kippe in Rubis Kaffee und sprang mit einem Satz von der Bank: »Okay, let's go.«

Rubi dackelte schweigend einen halben Schritt hinter Iana her. Ihre Berauschtheit war signifikant abgeebbt, aber die Neugierde trieb sie weiter voran. Und es war eine neue Emotion dazugekommen – mehr noch eine Frage als ein Gefühl, eine Frage, die sich nicht mit Floskeln abspeisen lassen wollte. Sie war dabei, umtriebig zu werden, und hinten stand ein mahnendes Fragezeichen dran, das keines bleiben wollte.

Iana war viel weiter entfernt als nur den halben Meter. Sie bogen ab und sie ließ Rubi im Stechschritt wissen: »Sind gleich da.«

Rubi wusste nicht, was sie darauf sagen sollte und zurrte ihren Schal fester. Die zwei Frauen waren auf dem gleichen Trottoir und konnten sich dabei kaum ferner sein. Ihr Bezug zueinander war hauchfein, wie der aufkommende Nebel des Nachmittags. Und wo sie sich trafen, da hemmten sie sich. Wie zwei Leute, die sich ungewollt auf der Straße begegnen und höflich zur Seite traten, nur um sich damit weiter im Weg zu stehen.

Das rostige Wellblechtor des Bauwagenplatzes öffnete sich unter widerspenstigem Geknarze und Gequietsche. Rubi staunte nicht schlecht, als sie sich in dieser fremden Welt wiederfand. Die zusammengepferchten, umgebauten Autos und hergerichteten Zirkuswagen, gesäumt von Feuerholz, aller Art Kisten und Baumaterial, die bunten Schilder (handgemalt wurden akute und vergangene Amüsements darauf angepriesen: *Essen auf Achse – VoKü* oder auch *Was kostet die Welt? – Bier heute 2,50 € Spende für die Antifa*), ließen Rubis Assoziationsvermögen zwischen Pippi Langstrumpfs Trutzburg und einem verwunschenen Jahrmarkt hin und her springen. Sie war so gebannt von den illustren Dekorationen und Montagen, dass sie glatt über den Gartenzwerg stolperte, den Ernesto mit großer Regelmäßigkeit markierte.

Iana führte Rubi über den farb- und formenfrohen Platz zu ihrem Heim. Neben die Tür war eine mit Edding auf Pappe geschmierte Einladung für den *Infoabend Kompostklo* gepinnt.

Iana stand in der Tür: »Kommst du?«

Und Rubi eilte ihr hinterher.

»Setz dich«, wies sie ihren Gast auf den Sessel. »Willst du 'nen Kaffee?«

»Gerne«, Rubi war froh um ein ihr bekanntes Umgangsmuster.

Iana setzte Wasser auf und kippte den alten Kaffeesatz aus dem Fenster. Dann zerrte sie die große Tasche unter dem Bett hervor und schob gebrauchte Kartons verschiedenster Größe und Machart mit dem Fuß in Richtung Tisch.

Sie instruierte Rubi: »Die größeren Zeitungen kriegen mehrere Gläser, die linken die schönsten. Wir packen es ein, legen 'nen Infoschrieb dazu und fertig ist. Wir ziehen dafür Handschuhe an, doppelt«, und sie warf, für mehr Anschaulichkeit, die Packung Latexhandschuhe auf den Tisch, »die Gläser machen wir mit Glasreiniger sauber, damit da auch keine Fingerabdrücke drauf sind.«

Rubi hörte gebannt zu.

»Dann verschicken wir das Zeug von verschiedenen Postfilialen. Absender: Bundesministerium für globales Artensterben, mit der Adresse vom BMU«, schloss Iana und schenkte Kaffee in zwei unterschiedliche Tassen aus, eine immerhin noch mit Henkel.

Sie legten los und schon bald hatte die routinierte Stumpfheit der Arbeitsschritte – abwischen, einwickeln, Zettel beigeben, Klappe drauf – die Atmosphäre entzerrt. Sie hatten beide Freude daran. Die eine, weil es heilsam unspektakulär war im Vergleich zu Einbrüchen und Bullenkloppe, die andere, weil sie noch nie etwas so Außerordentliches getan hatte. Als Rubi darauf wartete, dass sie das Klebeband von Iana übernehmen konnte, schaute sie sich um.

»Louise?«

»Hm.«

»Auf dem Foto da«, setzte sie an und deutete auf die Stelle an der Wand neben der Heckenschere, »ist das dein Freund?«

Iana folgte ihrem Zeigefinger und schimpfte entsetzt: »Das ist Carlo Giuliani!«

»Wer?«

»Vergiss es«, schnaubte Iana und klebte ihren Schuhkarton weiter zu.

Rubi sah ihre Verbissenheit. Sie spürte auch die Verachtung, die immer wieder durch die abgeklärte Schale brach, sie war ja nicht geistig umnachtet.

»Es tut mir leid, dass ich nicht alles weiß.« Sie meinte das ernst und gleichzeitig auch wieder nicht. Sie hatte es satt, schon wieder nicht genügen zu sollen.

»Schon klar«, grummelte Iana und reichte ihr das Klebeband, »aber einiges musst du doch wissen. Du bist doch Wissenschaftlerin oder so.«

Rubi war klar, dass dies nichts mehr mit dem jungen Mann auf dem Bild zu tun hatte, sondern einzig mit dem Vorwurf ihrer Untätigkeit. Ihre Euphorie war dahin und durch das Gefühl von Fehlerhaftigkeit ersetzt.

»Schätzchen, weißt du eigentlich, was du hier machst?«, trat Iana nach.

Rubi öffnete den Mund und machte ihn gleich wieder zu, wie einen Orgelpfeifendeckel, nur ohne Ton. Dann endlich trauten sich ein paar leise Worte heraus: »Was machen wir hier?«

Jetzt tat es Iana leid, sie so angeherrscht zu haben und sie offenbarte ihr versöhnlich: »Ökologische und soziale Revolution, das machen wir.«

»Postalisch?«, konnte sie sich den Spott nach so dick aufgetragenen Kampfesschwüren nicht verkneifen.

»Kleine Steinchen können trotzdem großen Schaden im Getriebe anrichten, das können sie gut«, lachte Iana und würde den Teufel tun, ihr zu erzählen, was sie sonst noch alles trieb. Rubi lächelte sie mit geschlossenen Lippen und spitzer Nase an und packte fleißig weiter. Sie gierte nach Relevanz. Iana packte einen Laubfrosch für das Abendblatt und berichtete zahm: »Carlo wurde 2001 von den Riot Cops in Genua ermordet. G8.«

»Oh«, machte Rubi mit klammer Haut unter ihren Handschuhen.

Das war selbstredend furchtbar (auch wenn sie nicht genau wusste, wovon Iana sprach und sie es später nachgucken würde. Eine weitere Offenbarung ihrer Unwissenheit schien ihr die Situation zu überreizen), aber vor allem war Rubi erleichtert, dass sie wie ein normaler Mensch mit ihr redete. Das Stummsein war nervraubend und nun redigierte sie ihr Unwohlsein mit Plauderei: »Hast du denn 'nen Freund?«

»Nein«, fiel die Antwort denkbar knapp aus.

Und es ging sie auch nichts an. Abgesehen davon, dass Iana aus Gründen nichts davon hielt, Persönliches mit dahergelaufenen Kumpanen zu beschwatzen, gab es Schätze, die man nicht teilen wollte, und wenn es nur das Wissen darum war (Iana hatte die große Liebe ihres Lebens schon getroffen. Diesen bulligen Paradeanarcho, der 25 Verfahren laufen hatte und nichts als Griechisch sprach. Sie konnte noch nicht mal seinen Namen richtig aussprechen. Chchor..., Jjjio..., Γιώργος. Er war wunderbar. Sie tanzten, verstanden sehr wohl, was der andere war, aber dafür kein Wort. Was blieb ihnen da anderes, als sich in den Keller des autonomen Zentrums zu stehlen und wild zu knutschen? Durch den Segen ihrer Sprachbarriere konnte jeder auf seiner Seite des

Rubikons verweilen. Statt Gefechte über Grundsatzdebatten zu führen, konnten sie sich lieben. Beschwipste Spiegelbilder schimmerten auf ihren eigenen Oberflächen im Schein der Molotowcocktails, während in Ianas Kopf Ultravox in Endlosschleife lief. *Daaaaancing with teargas in my eyes*. Dieses *mute date* barg unerschöpfliche Schwärmerei, in der sich jeder aussuchen konnte, was der andere fühlte oder meinte. Es war perfekt. Sie hoffte, sie würde ihn nie wieder sehen, damit es auch so blieb).

»So, das war's.« Iana klebte den letzten Adressaufkleber auf und summte zufrieden. Dann begab sie sich in die Ecke und wühlte in einer Kiste. Sie fand, was sie suchte, und drückte Rubi einen Stapel DVDs in die Hand: »Hier, kannste haben.«

»Was ist das?«, fragte sie und schaute sich die Titel an. Es waren alles Dokumentationen über Tierausbeutung, Klimakatastrophe und Anarchisten.

»Propagandamaterial«, grinste die Schenkende breit. Sie selber hatte nur die Hälfte der Dokus gesehen. Sie ertrug die Bilder gequälter Tiere nicht; gehäutete Füchse, deren Lider noch zwinkerten, geschredderte Küken und schreiende Kühe, die an einem ausgerenkten Bein ins Schlachthaus gekrant wurden. Es war etwas anderes, wenn sie es war, die filmte oder Zeugin in Mastanlagen und Zuchtstationen war. Wenn sie da war, war es einfacher, mit dem Horror umzugehen. Iana hatte sich selbst attestiert, es sei nicht vonnöten, dass sie die Filme guckte. Sie handelte ja schon nach dem, was darin zu sehen war. Jeder andere hatte nichts als Albträume verdient. Dass sie nicht mal Naturdokumentationen gucken konnte, weil sie sonst vor Sehnsucht und Solastalgie kümmerlichst zerfloss, behielt sie auch lieber für sich.

Rubi war gerührt, hatte aber wohl gelernt, dass es besser war, wenn sie nicht viel sagte: »Danke.«

Iana war schon bei der nächsten Kiste und zog Kleider in abstrusen Schnitten und Mustern daraus hervor. Sie entschied sich für einen senffarbenen Mantel mit violetten Knöpfen, ein Tuch und eine goldene Lesebrille. Sie kicherte und bot Rubi eine Perücke an.

»Nein danke«, lehnte sie mit einem verschämten Schütteln ihres Kopfes ab, als würde dort bei ausgiebiger Rotation etwas kaputt gehen können.

»Zieh dir aber wenigsten deine Mütze an. Je weniger man von dir erkennen kann, desto besser. Bei der Post haben sie Kameras.«

Iana hatte ihr gewährt, einen Teil der Tour zu begleiten, so konnten sie direkt mehrere Pakete mitnehmen. Sie fuhren in die Innenstadt, wo es viele Menschen in vielen merkwürdigen Kleidern in mehreren Postfilialen und Paketstationen gab. Ianas bescheuerter Mantel schlackerte an jeder Kreuzung in den Windböen und Rubi zog sich die Mütze so tief und den Schal so hoch wie möglich ins Gesicht. Sie ging ganz schief ob der schweren Taschen, mit denen sie behangen war. Der Profi mit der gut gepolsterten Reisetasche schmunzelte und überging das Trauerspiel.

Sie kamen an den Wagner-Platz mit dem kleinen Markt und Iana hätte sich am liebsten übergeben und geschrien gleichzeitig. In der klirrend kalten Luft lag feucht der süße Leichnamsgeruch von Siedewürstchen. Die dazugehörige Bude stand vor dem teuren Stadtsupermarkt und ungeheuer beleibte Menschen erwarben brutal entleibte Tiere, gepresst in Teile des Verdauungstrakts (in den des Tieres, bevor der Käufer es dann in sein eigenes Gedärm einführte, von oben).

»Boah, ist das ekelhaft. Boah, sind die fett. Guck, wie fett die sind!«, labte Iana sich an dem, was sie abstieß und stupste Rubi mit dem Ellbogen an. Rubi kam fast ins Straucheln mit all dem extra Gewicht, das sie heute trug. Die zwei Männer, die gerade ihr Würstchen im Brötchen entgegennahmen, waren dick, es gab keinen Weg drumherum – nicht um sie und nicht um die Bezeichnung. Was allerdings geradezu unbeschreiblich war, war die Leibesfülle des Verkäufers. Lagen um Lagen von Fett hatten sich um seinen Körper gelegt, drückten seine Organe nach innen und den Rest nach außen. Es wollte überall sein. Er hatte dicke Arme, gewaltige Beine, üppige Knöchel, er hatte sogar pralle Finger. Blasse Haut mit rötlichen Flatschen spannte sich über die Masse an Mann, der sich immer zur Seite drehen musste, wenn er nach etwas greifen wollte, was direkt vor ihm lag, weil seine Arme nicht um seinen Wanst herum reichen konnten. Sein Hals war eine Speckkrempe, viel breiter als sein Kopf, der zur Hälfte darin versank. Er verteilte weitere Kadaver mit Ketchup ans Volk und lächelte mit sabbligen Lippen. Ianas veganer Hass war nicht mehr zu befrieden.

»E-KEL-HAFT!«, begann sie zu wüten. »Genau das ist die verfickte Sollbruchstelle der Menschheit!«

Ihr ganzer Körper verkrampfte, um auch wirklich alle Verachtung herauszupressen. »Schön fett seid ihr. Stopft's schön weiter in euch rein«, schimpfte sie vor sich her, zu weit weg für die Schmerbäuchigen, um es zu hören. »Blablabla, ich hab's mit den Drüsen, mimimi«, äffte sie und beendete ihren Ausbruch mit einer einfachen, aber umso herzlicheren Schmähung: »Halt. Einfach. Die. Dumme. Fette. Fresse!«

Rubi war schockiert, worüber im Detail, musste sie noch eruieren. Sie konnte nicht aufhören, Iana anzugucken.

»Is' was?!«, war die wirsche Retour dieser Betrachtung.

»Nein«, sagte Rubi und bemühte sich, mit Iana Schritt zu halten, die der Zorn eindeutig vorantrieb. Dann blieb sie abrupt stehen und nahm Rubi ins Visier.

»Du bist doch vegan?«

Und auch wenn ihr Tonfall mit Überzeugung impliziert hatte, dass es nur eine einzige korrekte Antwort auf diese Frage geben konnte, gab Rubi wahrheitsgemäß die falsche, indem sie nichts sagte. Zumindest konnte sie jetzt froh sein, dass sie die Milch vergessen hatte.

»Uuuouh!«, die Zornige stöhnte gequält auf, rollte böse mit den Augen und befahl: »Guck dir die DVDs an! Das gehört alles zusammen. Veganismus ist auch soziale Revolution, nicht nur rein pflanzliche Ernährung! Und ohne soziale Revolution kriegen wir auch den Planeten nicht gerettet. Der scheiß Kapitalismus frisst das alles auf. Wald, Mensch, Freiheit, alles.«

Rubi schluckte und ihre Augen tanzten nervös hin und her, als suchten sie auch die Erklärung dafür, wie Iana vom Siedewürstchen zum politischen Rundumschlag gelangt war.

»Andere sterben dafür und der Rest muss damit leben«, ließ sie eine doppeldeutige Welle des Appells auf Rubi niederbrechen. Wie die Glut an einem Stück Zündholz fraß sich Ianas Rage durch sie hindurch. Vom Ohrläppchen bis zum kleinen Zeh, alles an ihr war brodelnder Groll. Das war nicht weiter schlimm, so wusste sie immerhin, dass sie lebendig war und es auch bleiben wollte. Und hoffentlich viel mehr als sie.

Mit einem Schlag hatte sie genug von Rubi, sie wollte gerade mit niemandem sein.

»Es ist besser, wir teilen uns auf«, machte sie kurzen Prozess, wühlte in ihrer Tasche und drückte Rubi 100 Euro in die Hand. Die guckte sie verständnislos an.

»Fürs Porto.«

»Bezahlst du das alles selber?«, erlaubte sich Rubi etwas Indiskretion und überschlug, wie viele Pakete sie hatten, mit welchem Gewicht, zu was für einem Preis.

Borniert zog Iana ihr Gesicht zurück. »Nee, Quatsch. Wir haben 'n Solikonzert dafür organisiert«, sagte sie, so selbstverständlich, wie es das auch war.

»Oh«, zollte Rubi der klandestinen Finanzplanung ihren Respekt.

Iana hielt es nicht mehr aus, sie musste für sich sein. Sie hatte ihre Blase lange genug geteilt. Aus purer Freundlichkeit guckte sie Rubi für eine Sekunde in die Augen und stieß hervor: »Okay, tschö.« Und ließ Rubi plump mit ihren massigen Taschen vor der Apotheke stehen.

Bevor die Zurückgelassene etwas sagen konnte, war die andere auch schon weg und rempelte Passanten an, die nicht so manövrierten, wie ihr das passte. Rubis Wirbel schmerzten von dem bleiernen Ballast in den Taschen, die an ihr zogen und rissen. Sie schaute Iana lange nach, bis sie vollends zwischen den kauflustigen Wogen verschwunden war. Dann drehte sie sich um und ging in entgegengesetzter Richtung davon. Je mehr ihr die Bügel in die Schulter schnitten, desto mehr ärgerte sich Rubi, dass sie nicht wusste, woran sie war, und ob sie Louise wiedersehen würde. Das vage, unterkühlte Ende enttäuschte sie tief, bis in den eitlen Teil ihrer Persönlichkeit stach das und ejakulierte selbstgerechtes Gift in ihren Tag.

*

Im Museum hatte sich die Lage weitestgehend beruhigt. Es gab keine Hinweise auf den Täter, aber da die entführten Viecher nun nach und nach wieder eintrudelten, schien das fürs Haus zu verkraften zu sein. Selbstredend war die Schmeckmeier immer noch einem Zusammenbruch nahe, konfrontiert mit so viel krimineller Energie. Und Peter jaulte jedes Mal aufs Neue wie eine gesprungene Schallplatte auf, wenn ein weiteres Glas zurückgebracht wurde. Der Wachmann (von dem Rubi jetzt wusste, dass er den klangvollen Namen Heribert Plötz trug) war hinlänglich zu Kreuze gekrochen und mit einer Abmahnung davongekommen (der Tadel scherte ihn nicht. Elke hatte sich küssen lassen, wieder und immer wieder. *Ich hab dich dolle lieb*, hatte sie gesagt und er war rot angelaufen wie ein Feuermelder). Für die Dramatik der Schmeckmeier war es ohnehin besser, wenn die Dimension des terroristischen Verbrechens so immens war, dass selbst ein Nachtwächter nichts dagegen ausrichten konnte. Das Getöse half ihnen allen, nicht über die grünen Flugblätter zu sprechen, es polterte über all die leisen Sorgen um das Ende der Welt, die sich keiner zu Eigen machen mochte, hinweg.

Rubi hatte die Ohren gespitzt, doch nichts unkte. Sie war enttäuscht, dass ein Aufstand ausblieb. Es war weiterhin nicht die Priorität der Menschheit, und auch nicht der Museumsbelegschaft, die Amphibien zu retten, dabei hatten sie sich doch so viel Mühe gegeben. Die Aktion hatte zwar ein paar Schlagzeilen und Berichte unterschiedlicher Qualität hervorgebracht und die Besucherzahlen waren für eine Woche deutlich angestiegen, aber mehr geschah nicht. Die Welt drehte sich weiter wie bisher und Rubi war verstimmt.

Zuhause war sie schon zigmal an den DVDs vorbeigelaufen, die auf der Kommode im Flur lagen und geduldig Staub fingen. Des Öfteren nahm sie sie in die Hand, las sich die Titel durch oder sogar das Kleingedruckte, dann stellte sie sie zurück. In ihrem emotionalen Kater nach all der herrlichen Aufregung erschien ihr nun alles fade. Sie guckte oft auf ihr Telefon (aber Louise rief nicht an) und suchte im Alltag Zuflucht vor den grüblerischen Hintergedanken. Hingebungsvoll kümmerte sie sich um ihre Käfer, schnitt akkurat ihren Pony und ging arbeiten – mit durchaus weniger Hingabe.

*

An diesem Sonntagmittag hockten die Larven glücklich schmatzend im Torf und Rubi hatte nichts zu tun. Draußen regnete es in Strömen und drinnen roch es nach Desinfektionsmittel. Ihre Wohnung hatte sie bis in den letzten Winkel geputzt und aufgeräumt, gewischt und sogar die Fugen im Bad mit Natron und einer Zahnbürste malträtiert.

Das Buch auf ihrem Schoß hatte ihr nichts zu erzählen. Die Sätze und Wörter kippten hinten weg und schwammen in inhaltsleeren Buchstaben davon. Verloren klappte sie den historischen Epos zu und ihr Blick wurde in die Raufasertapete gesogen. 10 Minuten, 20 Minuten. In ihr drehte sich ein träger Strudel, der jedwede Substanz mitriss und ins Nirgendwo abfloss. Sie strich sich mit beiden Händen übers Gesicht und ahnte, ihr Debakel würde sich nicht von alleine lösen.

Sie stand auf, machte Tee und holte die Dokumentationen aus dem Flur. Den Stuhl stellte sie neben ihr Bett, um ihren

Laptop darauf zu platzieren. Dann brachte sie eine Schale Süßigkeiten aus der Küche und schnitt sich einen Apfel klein (so hatte auch Oma Anni die raren Fernsehabende für sie hergerichtet. Dann hatte sie das Licht gedimmt, sich und Rubi unter die dicke Wolldecke gepackt und das blaue Flackern des Röhrenbildschirms nahm sie hypnotisch in Beschlag. Oma Anni drückte ihr einen Kuss auf den Scheitel, manchmal furzte sie auch laut, klopfte sich dann auf den Oberschenkel und lachte wie ein Pferdekutscher).

Rubi war es nicht ganz so behaglich wie damals, aber es war ein Anfang. Sie legte die erste DVD ein und lernte von Kollektiven und autonomen Kommunen in den Amerikas, von Zapatistas und Frauen, die weder sich noch ihr ölverseuchtes Land weiter vergewaltigen lassen wollten. Interessiert verfolgte Rubi die Geschichten, war gebührlich beeindruckt und fragte sich doch, was das alles mit ihr zu tun hatte. Ja, freilich hatte alles mit allem zu tun und es ging um einen weltweiten Befreiungskampf, um Probleme von globalem Ausmaß, das sagte der Sprecher ja immer wieder. Nur sagte er ihr nicht, was sie machen sollte. Die DVD ratterte im Laufwerk und der Film war zu Ende.

Rubi ging aufs Klo und holte eine Flasche Wein. Denn wer zu ungewöhnlichen Tageszeiten arbeitete, durfte auch zu ungewöhnlichen Tageszeiten trinken, sprach sie sich mit großem Geschick frei. Sie schlüpfte wieder unter die Decke und klickte auf Play.

Ihr Glas war nach zwei Minuten leer. Die verstörenden Bilder, und viel schlimmer noch, die verrohten Tatsachen darin, stießen den Zuschauer erbarmungslos auf die barbarische Realität, die er geholfen hatte zu errichten. Sie schenkte sich nach, um die Kapitalisierung des Lebens ungefiltert über sich ergehen zu lassen. Beim nächsten Schluck verzog sie das Gesicht und wollte nicht glauben, dass sie selbst dieser schuldige Zuschauer war.

Beim dritten Glas war Rubi der Verzweiflung nahe, und als die Wissenschaftler die gequälten Affenweibchen in den *rape rack* spannten, wo sie gewaltsam geschwängert werden konnten, und fotografierten, wie die psychisch kranken Mütter später ihre eigenen Babys körperlich missbrauchten und töteten, da klappte sie schnell ihren Laptop zu.

Was ein solch perfides Experiment über eine Spezies sagte, die diese Abscheulichkeiten brauchte, um sich selbst zu erklären, machte Rubi Bange. Um die Affen, um sich und um das, was der Mensch war. Ihr artgemäßes Bedürfnis, einen Sinn zu erkennen, prallte hart auf die unzumutbare Unvernunft der Welt. Sie trank ein weiteres Glas Wein und schluckte ihre wütenden Tränen, bevor sie noch auf ihre blassen Wangen traten.

Wie der Panther schritt sie in ihrer Wohnung umher. Unentschieden, ob sie weglief oder in den Ecken nach etwas suchte. Sie warf eine Scheibe Apfel in das Terrarium und überließ es sich selber, als es sie nicht abzulenken vermochte. Vor dem Badezimmerspiegel zupfte sie an den Spitzen ihres Ponys. Als sie an einer der Strähnen herauf schielte, fand sie ihren eigenen Blick im Spiegel, der sogleich in ihr aufhörte zu sein.

Angelockt vom Abenteuer und dem Wunsch, Louise zu gefallen, hatte sie sich selbst in diesen bodenlosen Zustand gelotst. Sie hatte eine Schleuse geöffnet, von der ihr noch ganz schwindelig wurde. Rubi klemmte ihren Pony mit einer Spange an der Seite fest und ging heldenmütig zurück ins Schlafzimmer, den Ort der Verbrechen.

Sie machte sich bereit und den Computer wieder an. Im nächsten Film flog es Rubi wie eruptierendes Magma um die Ohren. Fassungslos sah sie mit an, dass sie vielleicht nur noch ein paar Jahrzehnte auf dieser Erde zu leben hatten, bekam gezeigt, was schon alles verloren war. Es gab keinen irdischen Flecken, an dem die parasitäre Marter durch den Menschen nicht zu fauligen Wunden und Amputationen geführt hatte. In Rubi tobten Mitleid und Selbstmitleid, während sie Ianas verbiesterten Zornesausbruch über die Gemästeten plötzlich verstand. Rubi hatte soeben die Welt verloren.

Die Wucht des Verlustes – ihres Verlustes! – brannte wie Lava und die erkaltende Asche formte sich zu erbitterter Wut. Entgeistert darüber, alle Vernunft aufgegeben zu sehen, zerbiss sie ihr menschlicher Hunger nach dem Absoluten. Aber alles, was sie hatte, war die Unmöglichkeit, eine verstandesmäßige Antwort auf die Welt zu finden. Ihr Herz und Verstand wollten dem Wahnsinn davonrasen, doch beide stolperten lahm und unkoordiniert vor sich her.

Sie waren erledigt. 108 Milliarden *Homo sapiens* hatte es bis heute auf der Erde gegeben. Wann war die Hölle endlich voll? Dort die Buschfeuer und in ihr die Hitze. Sie saß aufrecht in ihren zerwühlten Laken und die tiefen Schatten der bewegenden Bilder warfen sich rabiat auf ihre Retina und ihre Wände. Sie war im Regenwald, der mit unkontrollierten Flammen gerodet wurde, für Minen, für Tierfutter, für Öl. Ihr Zimmer war nicht mehr da. Nur noch die Mauern der Freiheit, die immer näher rückten. Das neue Wissen um ihre Verantwortung nahm sie in Geiselhaft. Die allseitige Misslichkeit polierte ihre Sehnsucht nach Veränderung, bis sie vor Myriaden erregter Elektronen metallisch glänzte.

Der Wein war leer und so saß sie trotzdem erst mal blöd da, mit einer Fluse auf der Nase, und fühlte sich dabei bers-ten. Ihr war es nicht gänzlich unangenehm.

Sie rief Cody an und fragte, ob er vorbeikommen könnte.

»Jetzt?«, fragte er verwundert über die außerplanmäßigen, aber immerhin bezahlten Avancen.

»Jetzt«, sagte Rubi bestimmt.

Cody überlegte einen Moment und stimmte dann zu: »50 Euro Sonntagszuschlag.« (Cody hatte auf der Rennbahn viel Geld verloren und auch die Frauen mit den Hüten, die wie explodierte Vogelnester mit Zuckerstreuseln aussahen, hatte er nicht bezirzen können.)

»Beeil dich«, riet sie ihm und legte auf. Es war nicht ihr Problem.

Rubi wusch sich das Gesicht mit kaltem Wasser und drückte auf ihren geschwollenen Tränensäcken herum. Die Süßigkeiten verstaute sie unangetastet wieder in der Küche. Mit den Larven war unverändert nichts los, sie fraßen und verdauten, fraßen und verdauten. Die zwei ausgewachsenen Käfer krabbelten sinnfrei im Geäst und waren sich längst genug.

Es klingelte an der Tür und Rubi ließ ihn herein. Als wäre er hier zu Hause, stellte er seine Tasche in den Flur und gab ihr einen Kuss auf die Wange.

»Komm«, orderte Rubi kurz angebunden und ging ins Schlafzimmer vor. Cody zog die rechte Augenbraue hoch, so kannte er sie gar nicht. Als er ihr folgte, zog sie sich schon aus.

»Ich bin heute oben«, erklärte sie ohne ihn anzusehen und legte das gefaltete T-Shirt auf den Stuhl.

Er strich sich durchs Haar und spitzte einen lasziven Schmollmund: »Ah, heute also *kinky*.«

»Mach einfach. Ich habe keine Lust zu reden«, entgegnete Rubi ihm genervt und verwies ihn aufs Bett. Cody zuckte, zog sich ebenfalls aus und legte sich, mit etwas steifen Bewegungen an falscher Stelle, hin.

»Moment«, sagte er mit angespannten Bauchmuskeln und bearbeitete sein Glied. Rubi hockte sich über ihn und wartete darauf, dass er hart wurde. Dann bumsten sie drauflos. Rubi nahm sich, was sie brauchte und Cody ackerte sich verwirrt ab. Er bemerkte sehr wohl, dass es nicht um ihn ging. Ob ihm das nun gefiel oder nicht, war ihr egal, das war sein Job. Nachdem sie zweimal gekommen war, stieg sie schwitzend von ihm ab. Cody setzte sich auf und reckte sich, als erwarte er Szenenapplaus, jetzt wo er selbst schon keinen Orgasmus gehabt hatte.

Rubi hockte auf der Bettkante und zwirbelte eine ihrer Haarsträhnen. Mit befriedigten körperlichen Neigungen war ihr Geist wieder klarer.

»Cody?«, begann sie ihre Frage aus weiter Ferne, »hast du schon mal was Wichtiges getan?«

»Ehm«, dachte er nach und verstand die Frage nicht so recht. »Ich hab' nen Bausparvertrag abgeschlossen«, probierte er es mit steigender Intonation, um sich nicht festzulegen.

Wie eine gefällige Made war Cody rundum gesättigt, nicht zuletzt von sich selbst. Er hing zu sehr an seinen Bilanzen, um je einen Gewinn woanders herausziehen zu können, nagte sich gierig durch sein Leben, ohne mehr zu sehen, als das, was unmittelbar vor seinen Kauwerkzeugen lag.

»Ich auch nicht!«, entrüstete sich Rubi und stand auf.

»Du musst jetzt gehen«, sagte sie noch, als sie zur Dusche ging, »das Geld liegt auf dem Tisch.«

Das Wasser lief über ihren Körper und nahm nichts mit von dem, was an ihrem Gemüt klebte. Es rumorte in ihr und um sie herum, jetzt konnte sie es wohl hören. Sie drehte das Wasser heißer.

Die Erkenntnis des immer schon da gewesenen Kontrollverlustes konnte einen menschlichen Kosmos mit einem Wimpernschlag aller Glückseligkeit berauben. Es gab weder Logik noch ein Schicksal. Einzig bloßen Unsinn, der ohne sie nicht existieren würde und umgekehrt. Die unerwartete Fremdartigkeit der eigenen Realität hatte es in sich, grausame Leidenschaft zu erwecken. Es galt die persönliche Katastrophe hinzunehmen, wenn sie die anderen verhindern, oder zumindest überleben wollte. Solch ein Kunststück war kein Pappenstiel und gelang noch lang nicht jedem.

*

Die Wolken hingen tief und schwarzer Regen füllte ihre prallen Bäuche, die jeden Moment zu platzen drohten. Die letzten Sonnenstrahlen verwischten die Konturen der anschleichenden Dämmerung, und ohne dass man mitbekam wann und wie, würde es bald wieder dunkel sein. Rubi saß auf ihrem Fahrrad und fuhr die Landstraße entlang. Diesmal betrachtete sie die Planenzäune mit nichts als Wohlwollen und schämte sich ihres eitlen Argwohns gegenüber den Krötenrettern. Da es irrelevant war, wann sie bei der Arbeit ankam, fuhr sie an den Straßenrand, stieg ab und lehnte das Rad an eine Pappel, die die Allee sachte wankend behütete (aller Hut zum Trotz war Kevin F. an diesem Baum zu Tode gekommen, als er besoffen vom Schützenfest nach Hause fuhr und ebendiesen Stamm einfacher zu erwischen ersann, als die breite Straße).

Sie setzte einen Fuß vor den anderen und schaute sich das Krötenbollwerk in Ruhe an. Hinter der Plane, deren unteres Ende in die Erde eingegraben war, waren Eimer, auch ins Erdreich eingelassen. In den Eimern steckten kleine Äste, damit die Mäuse wieder herausklettern konnten (sie pendelten zu viel und hatten daher wohl keine Hilfe beim Überqueren der Straße verdient) und die unsportlichen Kröten ihren Warteraum für sich hatten. Rubi guckte in jeden Eimer. Im vorletzten saß tatsächlich ein dickes Exemplar zwischen den Blättern und harrte der Dinge. Rubis Herz machte einen Satz. Mit großer Vorsicht griff sie nach der Empfängerin ihrer Rettung und hielt sie zwischen den Händen. Im Halbschatten des heranziehenden Abends versuchte sie einen genaueren Blick auf die Geborgene zu werfen. Sie spreizte den Fingerkäfig etwas weiter und drin war der schönste Warzenfrosch. Begleitet von mächtiger Würde trug Rubi ihren Schatz über die Straße und setzte ihn auf der anderen Seite, mit sicherem Abstand zur Fahrbahn, aufs Feld. Die Kröte machte nun auch einen Satz und hockte dann bräsig im Gras.

»Los!«, animierte Rubi sie zur Weiterreise, doch sie ließ sich nicht überreden. Rubi schob ihren Fuß ein Stück näher an sie heran und die Kröte eierte mit wackeligen Beinen ein paar Zentimeter näher ans Ziel.

»Na bitte.«

Dann ging Rubi mit stolzgeschwellter Brust zurück, um den verbleibenden Eimer zu kontrollieren. Auf ihrem Weg dahin sah sie, nunmehr ein Schatten auf dem grauen Asphalt, einen mickerigen Leib auf der Straße und hockte sich davor. Rubis linke Hand schnellte vor ihren Mund. Schon wieder eine überfahrene Kröte, die sich gerade das Ende des Zauns für ihr Übersetzen ausgesucht hatte; für sie hatte all die Mühe nicht gereicht. Sie stupste den flachen Körper mit dem Finger an und auch das erweckte ihn nicht wieder zum Leben. Rubi war stocksauer.

»Noch nicht mal so eine kleine Kröte darf sein!«, keifte sie in ihren Schal und ballte ihre Hände zu Fäusten. »Scheiße! Verdammte Kackscheiße!«

Sie stampfte zurück zu ihrem Rad und erzürnte sich weiter: »Verdammte Straße! Verdammte Autos!«

Rubi fasste patzig einen Entschluss.

Sie kramte ihr Handy aus der Tasche und tippte mit ungelenken Fingern die Nummer. Es klingelte nicht lange, dann knisterte es in der Leitung.

»Raffa?«

»Rubi! Wie schön, dass du anrufst. Thilo und ich ...«

»Kann ich mir dein Auto leihen?«, unterbrach Rubi ihre Schwester und trat unruhig von einem Bein aufs andere.

»Rubi, was ist denn los?«, fragte Raffa und Rubi unterstellte ihr, dass sie eher darum besorgt war, warum sie nicht ausreden durfte, als darüber, was mit ihr war.

»Ist wichtig. Kann ich?«, fragte sie barsch.

»Ja, aber wozu denn?«, flötete Raffa und ergoss sich ins Gouvernantentum.

»Verdammt noch mal, kann ich oder kann ich nicht?!«

Es wurde still am anderen Ende der Verbindung, dann sagte die große Schwester zögerlich: »Ja, kannst du«, gänzlich erschlagen von der Art, wie mit ihr geredet wurde – und dann war es auch noch Rubi. In Ermangelung einer spontanen Maßregelung krittelte sie: »Du hast den Zweitschlüssel doch noch?«

Rubi war es zu doof, die Frage zu beantworten, sie hatte selbst eine: »Wo steht der Wagen?«

Raffaela verriet es ihr und Rubi legte mitten in den folgenden nörgelnden Kommentaren und Ratschlägen auf. Mit dem Fahrrad brauchte sie eine halbe Stunde bis zu dem Parkplatz. Das war es allemal wert und sie radelte durch die Nacht, die klammheimlich das letzte Licht verschlungen hatte.

Stunden später rief der Nachtwächter mit aufgeregter Stimme in ihrem Atelier an: »Rubi! Die Polizei will dich sprechen!«

Rubi wurde es heiß und kalt. Sie räusperte sich und bat todesmutig: »Dann stell sie durch.«

»Ne, die stehen hier an der Tür!«, krächzte er voller Übereifer.

Sie sagte nichts.

»Rubi?«

Ihre Stimme war so dürftig, dass sie sie selbst kaum finden konnte: »Ich komme.«

Heribert nickte den zwei Häschern von der Polizei gewichtig zu, er hatte seinen Auftrag erfüllt. Es waren wahrlich besondere Zeiten und er steckte sich dienstwillig das Unterhemd in die Hose. Es passte nicht recht, wie er da hinter seinem Schreibtisch stand, wie zum Appell. Aber solange die Beamten standen, wäre es ungehörig, sich zu setzen. Das glaubte er jedenfalls und probierte eine Position für seine Hände zu finden. Hinterm Rücken, nein. Vor dem Bauch, auch nicht. Hängen lassen, ganz schlimm. Demhimmelseidank erschien Rubi endlich an der Pförtnerloge.

»Rubi!«, freute er sich und brach kurz aus seiner verstockten Haltung.

Sie nickte und rang sich ein verkrampftes Lächeln für die Polizisten ab.

»Das sind die Kollegen, eh ... wie war noch mal der Name?«, begann er die Einführung jovial.

»Ollert und Jansen«, sagte Jansen knapp mit abfälligem Blick.

»Also, das sind die Kollegen Ollert und Jansen von der Polizei«, wagte er es strebsam weiter, sich mit ihnen auf Gefährtenfuß zu stellen und schlug fast die Hacken dabei zusammen. Ollert, die ein breiteres Kreuz hatte als ihr bärtiges Abziehbildchen, verwechselte ihr Bestreben, *sich als Frau zu behaupten*, mit der Vereinnahmung des Patriarchats und schnalzte despektierlich mit der Zunge. Der Strammstehende war mit beidem überfordert und präsentierte unter Bewegungen wie Schluckauf: »Und das ist unsere Rubi, auch eine von der Nachtschicht.«

Dann presste Herr Plötz die Lippen zusammen und starrte an den dreien vorbei, um ihnen etwas Privatsphäre zu gewähren.

Steif wurden Hände geschüttelt.

»Hallo«, sagte Ollert.

»Hallo«, sagte Rubi.

»Hallo«, sagte Jansen.

»Hallo«, sagte Rubi.

Jansen streckte seinen Bauch hervor und fragte: »Geht's Ihnen gut?«

»Ja, wieso?«, quetschte sie die Lüge aus sich hinaus und es juckte sie in den Beinen wegzurennen.

»Sie sehen ein bisschen blass aus«, sagte er und blätterte

in seinem Block. Die Ollert guckte nur stieselig und wippte vor und zurück, als würde sie sich damit selber aufziehen.

»Sie haben sich heute das Auto Ihrer Schwester geliehen?«, kam Jansen zur Sache.

»Ja«, antwortete die Befragte zaghaft.

Er kritzelte etwas in seinen Block. »Was ist dann passiert?«

Warum schrieben immer alle Sachen auf, wenn sie mit ihr redeten, fragte Rubi sich und sagte voller Unschuld: »Nichts.«

Die Ollert stierte sie streng an. Der Nachtwächter tupfte sich die Stirn, zwang sich nicht hinzuschauen und stand immer noch wie eine Eins.

Rubi wurde ganz anders unter der scharfen Beobachtung Ollerts und sie bediente sich an Weisheiten aus dem Fernsehapparat: »Ich will einen Anwalt.«

Dann guckte sie auf ihre Füße.

»Wozu wollen Sie denn einen Anwalt?«, wunderte sich Jansen und klappte sein Büchlein zu.

»Keine Ahnung, sagen Sie es mir!«, quäkte Rubi hilflos und schaute kurz von ihren Schuhen auf.

Die Ollert stierte weiter, vielleicht durfte sie nichts anderes. Jansen klappte seine Zettel wieder auf: »Das Auto ihrer Schwester wurde fahrerlos auf der Landstraße Richtung Westen gefunden. Mitten auf der Fahrbahn, quer geparkt.«

Rubi nickte langsam und fragte sich, mit den spitzen Klauen der Panik im Nacken, wie viele Jahre Gefängnis ihr nun blühten.

»Zwei Kilometer weiter stand das Warndreieck.«

»Das war eine Vollsperrung«, vervollständigte Ollert den Bericht und bekam nicht einmal Ärger dafür.

Rubis Blase stand kurz davor, sich eigenmächtig zu entleeren. *Was würde Louise jetzt tun?* Sie würde Ruhe bewahren. Ja, genau das würde sie tun.

Rubi sagte also nichts. Klammer Schweiß nahm ihren Körper von außen, flaue Übelkeit von innen in Beschlag. Alles drehte sich und die Augen der drei Wachmenschen waren auf sie gerichtet. Dann kramte Jansen eine Plastikhülle aus seiner Innentasche hervor, mit grünem Inhalt.

»Diese Zettel kennen Sie ja wohl? Einer war außen an den Wagen geklebt. Und der andere ans Warndreieck.«

Rubi nickte. Sie kannte sehr wohl auch ihre Handschrift, die den Zusatz *Es ist Krötenwanderung!* hinzugefügt hatte und die kindlich missglückte Zeichnung einer Unke, die unten in die Ecke gekrickelt war.

»Tz tz tz, das ist echt nicht zu fassen«, ächzte die Ollert.

»Es tut uns leid, dass Sie das durchmachen müssen«, sagte Jansen.

»Bitte was?«, erwiderte Rubi tonlos, sie hatte keine Luft übrig.

»Erst der Einbruch hier und dann der Diebstahl des Autos ihrer Schwester von der gleichen Bande.«

Jansen, Ollert und Plötz schüttelten bedauerlich den Kopf. *Der Wagen war gestohlen! Natürlich!* Rubi raufte sich zusammen, einzelne ihrer konfusen Anteile bekam sie sogar zu fassen: »Ach so, ja. Schlimm.«

Aus Gründen der Kondolenz hielt Jansen sein Buch in gefalteten Händen vor den Bauch und wartete ein paar Sekunden, bevor er weitermachte: »Sie wissen also nicht, wann der Wagen gestohlen wurde? Wo haben Sie ihn denn geparkt?«

Rubi tanzte innerlich. Der Heribert stand jetzt etwas schiefer, der Rücken fing an ihn zu schmerzen. Aber er blieb gefälligst stehen, er wollte nicht doof aussehen vor den Kollegen. Hätte er doch nur gewusst, dass das unmöglich war.

Die Streife verabschiedete sich mit einer bescheidenen Anzahl mehr an Worten in ihrem Block und Rubi rannte zum Klo. Sie warf die Tür zu und ließ sich daran herunter auf den Boden rutschen. Sie hörte ihren Atem, der schnell einiges nachholen musste, und schloss die Augen. Sie hatte alles richtig gemacht. Als ihr Puls aufhörte in den Schläfen zu wummern, holte sie das Handy aus der Tasche. Ihr schwante Böses und sie hatte Recht. Sieben verpasste Anrufe. Sie nahm sich ein Herz und rief zurück.

»Rubi!«, antwortete Raffa schrill, »Was ist passiert? Die Polizei war hier! Und mein Auto stand einfach auf der Straße!«

»Was ist denn jetzt mit dem Auto, Rubi?«, schaltete sich auch Thilo ein, der per Lautsprecher mithörte.

Rubi lief es kalt den Rücken runter. Noch nie hatte sie sich so nüchtern gefühlt. Nach einer Weile des Schweigens fiel ihrer Schwester dann doch noch etwas ein. Sie hatte gemerkt, dass es ein bisschen spät war und fragte daher lieber leise: »Geht's dir gut?«

»Jetzt sag doch, um Himmelswillen!«, tönte Thilo dazwischen.

Rubi kaute auf ihrer Zunge und berichtete kühl: »Die Bullen haben nichts gemerkt.«

»Wie bitte?«, wollte das Paar unisono wissen.

Sie blieb hart: »Die Polizei glaubt, das Auto wäre geklaut worden.«

»Ja, ist es das denn nicht?«, fragte Raffa irritiert.

Rubi sagte nichts.

»Das warst du?!«

Und ihr weiteres Schweigen war Aussage genug.

»Bist du des Wahnsinns fette Beute?«, schrie ihre Schwester verdutzt und Thilo verbreitete die unheilvolle Kunde: »Das ist eine Straftat!«

Hier gab es nichts zu verhandeln. Wie zwei ausgewachsene Insekten, würden die zwei sich nicht mehr ändern. Sie hatten das perfekte Bild von sich selbst schon lange erreicht. Die Vollkerfe konnten sich nicht häuten und darum auch nicht weiterwachsen. Sie waren in sich gefangen.

Rubi probierte es mit Fakten und glaubte selber nicht, dass es was bringen würde, daher spuckte sie es ihnen gleich entgegen: »Wisst ihr, was hier alles auf der Roten Liste steht?! Diese ganzen schamlosen Natur-, Umwelt- und Agrarminister ignorieren bewusst die Ratschläge ihrer eigenen wissenschaftlichen Beiräte, von all den Studien mal ganz abgesehen. *Das* ist eine Straftat!«

Sie hatten sich letztens erst über politische Lippenbekenntnisse und gleichsam hirnlose, wie wirtschaftstreue Beschlüsse unterhalten, damals hatte der Skandal Rubi weit weniger aufgebracht.

Da Thilo gerne alles besser wusste, nahm er sich die Zeit, sie zu belehren.

»Aber die haben auch gleich die richtige Antwort gekriegt«, legte er dar und meinte damit einen kritischen Pressebericht mit weniger als 100.000 Lesern.

»Was denn? Ne Briefbombe?«, rückte Rubi die Verhältnismäßigkeiten trocken zurecht.

»Was ist denn mit dir los?!«, fragte Raffa in angewidertem Schock.

Rubi hatte keine Zeit mehr dafür. Ihre Wut war auf ihren Ursprung getroffen. Sie waren der Feind. Und sie war es selbst. Weit über sieben Milliarden solcher Feinde hatten sie hier. Es war nicht auszuhalten, in ihrer Gegenwart alleine zu sein.

»Vergiss es«, und Rubi kappte zum zweiten Mal die Leitung zu ihrer Schwester.

*

Sie kam mit vollem Rucksack vom Containern zurück und freute sich des sinnbehafteten Diebstahls. Ein läufiger Fuchs schrie auf dem Feld nach einem anderen und Iana trug ihr Glück zu ihrem Wagen. Sie stutzte. An der Tür pappte ein Zeitungsausschnitt und daneben eins der Amphibien-Flugblätter. Der Artikel beschrieb den Vorfall des gestohlenen Autos, mit dem die Straße blockiert worden war – mutmaßlich wegen der Krötenwanderung. Sie hatte schon davon gehört und es schmeichelte ihr, dass sie ihre Flugschrift dafür benutzt hatten. Das war doch was, wenn Aktionen wirklich Kreise zogen. Sie riss den Artikel und den Zettel von der Tür, als Ernesto mit Ratten-Mandy angetrabt kam.

»Die war ganz schön unfreundlich, die Kleine«, eröffnete Mandy und Ernesto stupste seine Schnauze zwischen Ianas Beine.

Sie drückte seinen dicken Kopf weg und wollte wissen: »Welche Kleine?«

Ratten-Mandy lutschte an ihrem Lippenpiercing und schwatzte erst mal ihre Story zu Ende: »Die wollte sich nicht davon abhalten lassen, zu deinem Wagen zu gehen. Ich wusste gar nicht, was die hier zu suchen hat. Hat nach ’ner Louise gefragt.«

Sie wühlte eine Handvoll Leckerchen aus ihrer Hosentasche und hielt sie vor Ernestos sabberndes Maul. »Schwarze Haare, hässliche Mütze, so'n bisschen spießig«, beschrieb sie dann.

»Rubi ...«

Iana brauchte einen Moment, um das zu verdauen. Sie war stolz und gleichzeitig piesackten sie Gewissensbisse in sämtlichen Eingeweiden.

»Danke«, rief sie den beiden zu und hüpfte in den Wagen. Noch bevor sie den Rucksack auszog, griff sie nach dem Telefon und rief sie an.

»Ja?«, hob Rubi ab.

»Das warst du?«

Die Angerufene musste einen Moment überlegen, wer und was hier los war, dann quittierte sie: »Ja.«

Iana grinste breit und sagte ernst: »Komm am Freitag um 16 Uhr zum Park.«

Dann war die Leitung tot, Iana hatte aufgelegt. Rubi hielt das Telefon immer noch am Ohr und genoss den triumphalen Moment ihres Ritterschlages.

»Bis Freitag.«

*

Die Sitzung war nicht einfach für Dr. Prizrak. Rubi schrie ihn jetzt schon zum dritten Mal an und er hatte nicht viele weitere Tricks in der Tasche, mit denen er sich ihr Vertrauen erschleichen konnte. Immerhin war das Schreien ergiebiger als die Grabesstille, die sie sonst vor sich hertrug. Er schlug die Beine übereinander, folgte ihren Ausführungen wie ein Schatten und schrieb mit.

»Wieso macht denn keiner was? Wieso machen die alles kaputt? Das ist doch nicht zu fassen«, schleuderte sie ihm ihre Aggression lautstark entgegen, »das ist so ungerecht!«

Rubi ballte die Fäuste und fügte leiser hinzu: »Es ist auch ungerecht, dass ich das jetzt alles weiß.« (Ein guter Schuss Selbstmitleid schadet nie. Wobei es nicht von der Hand zu weisen ist, dass es paradiesisch wäre, so manches wieder ungewusst machen zu können.)

Dr. Prizrak tippte sich mit dem Zeigefinger an die Nase: »Würden Sie es also lieber nicht wissen?«

»Nee, ich will, dass die das alle wissen!«, wetterte Rubi. »Aber so richtig wissen.«

Sie wollte den Schlamassel nicht alleine ausbaden. Bis dahin lungerte ihr Selbsturteil hinter ihrer Wut auf die anderen und versuchte, sich vor der eigenen Verantwortlichkeit zu verstecken. Rubi bekam es trotzdem kurz zu fassen und denunzierte: »Ich hab mir heute aus Gewohnheit Börek gekauft.«

Der Therapeut offenbarte nicht viel mehr als seine Konturen, die es nie ganz aus dem Halbdunkel zu schaffen schienen, guckte sie an und schrieb dann auf.

Dass sie das noch weiter ausführen musste, brachte sie auf die Palme: »Da ist Käse drin!«

Wieder notierte er sich seine Weisheiten, lehnte sich zurück und schenkte ihr ein versöhnliches Lächeln: »Ja, ist das denn so schlimm?«

Rubi riss die Palme aus und schleuderte sie wild umher: »Sind Sie bescheuert?!«

Als nächstes würde er einem reuigen Massenmörder ausreden wollen, seine Taten seien verwerflich. Wie war es so weit gekommen, dass das alles als völlig hinnehmbar galt?

Niemand klagte an, niemand sah auch nur den Stein des Anstoßes, der asteroidengleich auf sie zu schnellte.

»Hier«, keifte sie und zog die zerknitterte Liste aus der Hosentasche. Dann beugte sie sich vor, schnappte ihm ungefragt den Stift aus der Hand und schrieb ihre zweite Erkenntnis auf. Sie hielt ihm das Ergebnis unter die Nase: *If you are not angry, you are not paying attention.* Während Dr. Prizrak den Zettel studierte, grummelte sie vor sich hin: »Wie sollen wir das bloß noch retten?«

Er händigte ihr in seiner unbesehenden Art die Liste zurück und tippte sich wieder an die Nase, als müsste er da zwei Pole zusammenführen, damit sich ein ominöser therapeutischer Kreislauf schloss.

»Glauben Sie, dass der Grund Ihrer Verärgerung verschwindet, wenn Sie nur genügend sauer darauf sind?«, war seine Frage, die keinerlei Ausdruck barg.

»Was? Nicht zornig zu sein heißt doch, das alles geschehen zu lassen. Das heißt dann, hier wird alles verschwinden. Puff! Planet futsch«, mimte Rubi mit ihren Händen eine Explosion. »Man kann den Mist doch nicht einfach wegatmen oder sich mit Gebetskugeln schönphilosophieren!«

Rubi (und die Menschheit, nur wussten es noch nicht alle) hatte jetzt also zwei absolute Probleme. Sie genoss weiterhin die ureigene Tragik des Homo sapiens, die darin bestand, auf ewig einen Sinn in seinem Sein finden zu müssen, sehnsüchtig nach einer inneren Daseinsberechtigung zu lechzen, die es niemals geben würde. Und obenauf hatten sie nun dieses selbst gezüchtete, fundamentale Problem von außen, weil es bequemer war, das erste nicht zu lösen. Die Schöpfung war erschöpft und würde sich gegen sie wenden.

Der Mensch hatte sich nicht sich selbst gestellt. Stattdessen suchte er wie ein Idiot Ausflüchte in Eitelkeit, Religion und Besitz. Er verleugnete die absurde Wirklichkeit und ließ damit sein eigentliches Wesen (geistig, so wie in Bälde auch leibhaftig) verschwinden.

Es war schwierig mit diesem Mensch, der schon sein eigenes simples Vorkommen nicht begriff – wie sollte er da die Grundlage dieser Existenz erfassen? Wie sollte er sie nicht zerstören, diese groteske, abgekapselte Kreatur, die er war.

3

Raffaela ertränkte sie in wertenden Blicken und ein Löffel überdimensionierter Länge klirrte alarmiert in ihrer frischen Sauerkirsch-Joghurtinfusion. Das Gespräch stockte, bevor es überhaupt angefangen hatte. Neben dem Kuchenteller, der nur eine Schieferplatte war, lag Raffas Telefon, auf das sie unentwegt schielte, obwohl sie keinen Anruf erwartete. Rubi hatte geahnt, dass es so kommen würde, und sich um dieses Treffen gewunden, wie ein Kind vor dem Sonntagsbad, hatte extra Zeiten vorgeschlagen, von denen sie wusste, dass Raffaela Termine hatte. Aber die hatte das nicht gelten lassen, die Große-Schwester-Karte gezogen und Rubi gegen alle Widerstände in das Hipster-Café geordert, in dem man nie wusste, was dekorativ und was nutzbar war. Mit hängenden Schultern und einem Kloß im Hals hockte sie jetzt da, auf dieser Anklagebank mit mintgrünem Kunstlederbezug im Vintagestil, und trank teuren Kaffee aus einem Marmeladenglas. Kuchen hatte sie nicht bestellt und stand unwillig Rede und Antwort, wo sie es doch war, die so vieles anprangern wollte.

»Ich kann nicht fassen, dass du das gemacht hast!«, beschwerte sich Raffa und warf dramatisch die Arme in die Höhe.

Rubi konnte ihr nicht sagen, was sie hören wollte, dass es ihr leidtat und sie es selber nicht verstand.

»Ich wollte einfach helfen«, benannte sie ihren Antrieb daher bockig und fühlte sich nichtsdestotrotz schuldig dabei. Sie wünschte sich so sehr, ihre Schwester könnte sie verstehen. Stattdessen beugte Raffa sich bedrohlich vor, schwang aufgrund eines fehlenden Gerichtshammers ihren erhobenen Zeigefinger durch die Luft und rügte in kunstvoll passiv-aggressiver Manier: »Ja, mit meinem Auto!«

Dann schob sie den Löffelstiel und die exzentrische Garnierung am Glasrand zur Seite, probierte sich beim Trinken nicht die Augen von den Ananasblättern ausstechen zu lassen und verbrannte sich die Finger an ihrem Rialtoglas. Raffa zischte kurz, dann zog sich ihre Mimik hochmütig in Richtung ihrer Nase zusammen: »Thilo wollte es der Polizei sagen, dass du es warst.« Sie klimperte einmal mit den Wimpern. »Das wäre das Richtige gewesen, meint Thilo.«

Rubi ließ ihren Keks in den Kaffee fallen, der so schnell er nur konnte darin versank. Sie schenkte Raffa einen hasserfüllten Blick, den sie gerne an ihren Angetrauten weiterleiten konnte.

»Ich hab's ihm ausgeredet«, erklärte sie dann prahlerisch, als müsste Rubi auch noch dankbar dafür sein, anstatt erzürnt über seine fixe Idee. Raffaela stocherte in ihrer Lemon-Cheese-Cake-Tart. Weil Rubi immer noch nichts sagte, nahm sie dann die störende Botanik vom Glasrand, legte sie befremdet auf die Schieferplatte und sagte: »Was hast du dir dabei gedacht?«

Rubi hörte sehr wohl, dass sich den Worten kein Fragezeichen anschloss und antwortete trotzdem: »Ich habe gedacht, die Kröten sollen nicht überfahren werden und ihren Laichplatz erreichen. Das hab ich gedacht.«

Rubis Stimme brach, sie hatte die Wahrheit in die Waagschale geworfen; das war alles, womit sie um das Verständnis ihrer Schwester buhlen konnte. Mit ihrem Löffel (der eine ganz normale Größe hatte, für ihren ausgesucht ordinären Kaffee) stocherte sie nach dem verschollenen Biskuit und löste es damit auf.

»Aber doch nicht so!«, prozessierte Raffaela und drückte ihre Augäpfel von innen gegen ihre halb zugekniffenen Lider.

»Wie denn dann?«, feilschte Rubi ruppig und ihre Harmoniesucht gerann in heißem Stolz über die Tat.

Raffa beäugte sie kritisch und war kurzzeitig sprachlos infolge der ungewohnten Gegenwehr. Es war ein Patt.

»Du kannst doch nicht einfach eine Straße blockieren«, hievte sie sie alsbald zurück an den Anfang ihres Gesprächs, anstatt auf die Frage einzugehen. Rubi rollte die Augen (erstens hatte sie das sehr wohl gekonnt, und zweitens war es ja wohl die Straße, die den Wanderweg der Kröten blockierte). Von der Uneinsichtigkeit angestachelt miaute ihre Schwester: »Was da alles hätte passieren können!«

Rubi rührte weiter in ihrem Kaffee bis er an den Seiten überschwappte und nuschelte: »Es ist aber nichts passiert.«

Sie wich all den hypothetischen Horrorszenarien aus, die der Wagen auf einer dunklen Straße nachts durchaus hätte hervorrufen können, bog und verrenkte sich und wollte sich nicht davon berühren lassen, während Raffaela sie anguckte, als sei sie verrückt geworden.

Rubi senkte ihren Kopf.

»Kannst du gar nicht verstehen, warum ich das gemacht habe?«, fragte sie traurig und die Gesichtsmuskulatur ihrer Schwester entspannte sich. Betont rücksichtsvoll legte Raffa ihre Hand auf Rubis, guckte ihr tief in die Augen und sagte sanft: »Manchmal projizieren wir persönliche Probleme auf Situationen der Umwelt.«

Sie schielte auf das Telefon und dann wieder auf Rubi.

»Hä?«, erfragte diese und erwartete nichts Gutes.

Um alle Anwesenden auf eine bedeutungsschwangere Erkenntnis einzustimmen, atmete Raffa hörbar ein und wieder aus. Sie drückte Rubis Hand: »War das ein Hilferuf?«

Rubi war fassungslos.

»Ich brauche doch keine Hilfe! Die Kröten brauchen Hilfe! Amphibien brauchen Hilfe. Das geht alles den Bach runter! Unser Planet stirbt!«, rang sie inständig um die Räson ihrer Schwester.

Der Kellner mit einem dünnen Schnurrbart (hauchfein wie ein Stück Garn, so dass man sich fragen musste, ob sich der Fussel vielleicht auch nur dorthin verirrt hatte), trat an ihren Tisch und guckte enttäuscht auf Rubi und dann auf sein entwürdigtes Obstdekor auf Raffas Teller.

»Darf es noch etwas sein?«, fragte er und ließ sie dabei spüren, dass es nicht so sein müsste.

»Nein!«, blökte Rubi.

»Noch mal die Karte, bitte«, sagte Raffaela und züngelte die kleine Schwester ihres ungebührlichen Verhaltens wegen an. Rubi wartete ungeduldig, dass der parfümierte Ganymed wieder verschwand. Kassandragleich verzweifelte sie an dem Unverständnis ihrer Schwester, ihrem Unwillen zu sehen, was doch so offen zutage lag.

»Wieso tust du so, als würde es nicht stimmen?«, und Rubis Knie fingen an zu schlottern (prä-traumatisch belastet, ist zu vermuten. Immerhin sagte man, sie hätten tatsächlich nur diese eine Erde, wenn man von potentiellen Kandidaten absah, die zig Lichtjahre entfernt lagen. Da durfte einem schon mal das Muffensausen kommen).

»Natürlich stimmt es, dass wir große Umweltprobleme

haben. Und ja, jeder muss was tun. Aber das machen wir doch auch«, billigte Raffaela ihren Einwand, als hätte sie die Selbstgefälligkeit im Bioladen gleich mit aufs Band gelegt. »Aber wenn alle anfangen würden, Straßen zu sperren, wo kämen wir da hin? Jeder kann im Kleinen was machen. Aber man muss sich schon an die Spielregeln halten. Dann wird die Welt schon aufwachen.«

Es war ja nicht so, dass alle zufällig pennten. Das Ziel des Spiels war ein so anderes und der dogmatische Schlummer war notwendig, um es zu erreichen. Und so rief Rubi panisch: »Aber das hat doch bis jetzt auch nichts gebracht!«

Ihr schossen wütende Tränen in die Augen. So deutlich man auch die Katastrophe aufzeigte, nichts passierte, weil irgendein Verrückter immer wieder sagte, es sei falscher Alarm. Über einen läppischen Apollon konnte sie nur lachen, sie schlug sich mit der kognitiven Dissonanz der Weltbevölkerung herum.

»Du kannst doch nicht im Alleingang die Welt retten«, belehrte Raffa sie, lachte hässlich und probierte noch mal zu trinken. Ihr ertrinkender Wille, ohne Fantasie und Begehren, war nichts anderes als eine pessimistische Absage an die Zukunft. Da konnte sie noch so viele Sorgenpüppchen im Weltladen kaufen.

»Es ist zum Verzweifeln!«, gellte Rubi und der halbe Laden guckte sie an. Der teuer frisierte Kellner war entsetzt und machte sich geschwind für sein Seelenheil noch einen Espresso mit *hazelnut flavor* auf Eis. Rubi langte nach ihrer Schwester, bettelte mit jeder Faser darum, gesehen und begriffen zu werden. Sie wusste nicht, was sie mit all dem in Trauer gehüllten Geifer machen sollte. Ihr Eden war unwiederbringlich verloren.

»Ach, Rubi ...«, tat die Erstgeborene es mit einem mitleidigen Seufzen ab, anstatt ihr dabei zu helfen zu verstehen, was es bedeutete, ein Mensch im Anthropozän zu sein. Rubis Herz sackte eine Etage tiefer. Raffa tippte schnell etwas Wichtigeres auf ihrem Telefon und fragte ihre kleine Schwester dann pomadig: »Gehst du noch zu Dr. Prizrak?«

Rubi war wie versteinert und in ihrem kalten Kaffee schwammen verklumpte Kekskrümel, obwohl sie das auch nicht mochte.

»Ich muss jetzt zur Arbeit.«

*

Rubi katalogisierte eine frisch eingetroffene Wanderausstellung aus dem Lincolnshire Museum of Natural History. Mit ihrem Finger fuhr sie die Inventarliste entlang und verglich sie mit den Stücken aus dem Königreich. Das Murmeln ihrer eigenen Stimme lullte sie ein: »*Coraebus* ...«

»Rubi!«, rief es da unverhofft und sie sprang freudestrahlend auf.

»Frank! Du bist wieder da!«, rief sie und sie gaben sich herzlichst die Hand.

Frank, noch etwas gerötet von dem gründlichen Genuss der mallorquinischen Sonne, zeigte seine Zähne und klopfte ihr dann zu fest auf die Schulter: »Na Kleine, wie ist der Stand der Dinge?«

»Oh Frank, ich hab dir so viel zu erzählen!«, offenbarte Rubi mit überquellendem Herzen und schubste ihn in Richtung des Flurs. Es war an der Zeit für eine seiner Zigarettenpausen, in denen sie alles Wichtige besprachen (meistens drehten sich diese Unterredungen um das Verhohnepiepeln der Schmeckmeier oder die neuesten Liebschaften von Frank. Manchmal tranken sie dabei heimlich Sekt aus ihren Kaffeebechern) und sich gegenseitig Geld fürs Mittagessen liehen. Sie war so froh, Frank zu sehen, dass sie es sogar für möglich hielt, wieder tagsüber arbeiten zu gehen, jetzt, wo er wieder da war.

»Wo ist das Terrarium mit den Rosenkäfern?«, fragte der Bugsierte beim Herausgehen und schaute sich mit langem Hals danach um.

»Das ist doch jetzt egal, erzähl ich dir später. Komm, wir holen uns 'nen Kaffee.«

Rubi war voller Übermut, ihren Verbündeten endlich wieder bei sich zu haben. Sie war direkt einen Kopf größer, konnte man glauben, und ihr Körper ausgefüllter von ihrer Person. Aufgeregt wie ein junger Hund sprang sie um Frank herum, bis sie schließlich mit ihren Heißgetränken am Raucherhof angekommen waren. Frank strich sich seine vorteilhaften, schwarz getünchten Koteletten und frickelte umständlich eine Zigarette aus der Schachtel. Sein neues Bowlingshirt war ihr auch direkt aufgefallen (dieses war blau-beige und würde gut in seine Sammlung passen).

»Du rauchst immer noch nicht, was, Kleine?«, bot er ihr auch eine an, weil sie in Spanien schließlich billiger waren. Rubi schüttelte den Kopf und als sei die Bewegung ein magischer Pfortenöffner gewesen, sprudelte sogleich alles aus dem selbigen heraus. Mit glühenden Wangen erstattete sie Bericht von dem Einbruch. Es war bloß ein Jammer, dass sie ihm nicht die ganze Geschichte erzählen konnte.

»Und die olle Schmeckmeier schreit immer noch, es seien Terroristen«, schloss sie jauchzend und strahlte ihn an.

Frank legte den Kopf in den Nacken und atmete verschmitzt grinsend den Rauch aus. Er schüttelte seinen mit einer Tolle gezierten Kopf (die Haarwelle war mit einer drittel Tube Pomade fixiert, er konnte so viel schütteln wie er wollte): »Was für Spinner!«

»Wieso Spinner?«, blieb Rubi die Freude im Rachen stecken.

»Als würde so ein Feldzug was bringen«, erläuterte Frank mit heiterer Gleichgültigkeit, »Jetzt sind alle sauer und alle Umweltschützer kriminell.«

Er zog an seiner Zigarette und sein Ellbogen war dabei unnötig weit nach außen gerichtet, als müsse er sich vorsorglich extra Platz verschaffen.

»Aber die Leute reden doch jetzt drüber. Also übers Artensterben«, warf Rubi dasig ein und ihre Euphorie schlüpfte zurück ins basale Vorderhirn, wie ein verschrecktes Erdmännchen in seinen Bau.

»Die Leute reden darüber, dass jemand tote Tiere an die Zeitung verschickt«, wiegelte er ab.

»Oh«, sagte sie kleinlaut.

»Kleine, was ist denn los?«, fragte ihr Betriebsgenosse und legte ihr den Arm um die Schulter, »Ist dir 'ne Laus über die Leber gelaufen? Oder findest du das etwa gut?«

»Ach was, nein«, wehrte sie ab und fühlte sich glatt wie ein Verräter dabei. Dann traute sie sich: »Ich weiß nicht«, und steigerte sich wenige Sekunden später bis hin zu einer tollkühnen Aussage: »Ist doch wichtig, dass man was gegen das Artensterben macht. Doch, ich glaub, das war gut, was die gemacht haben.«

Rubi schluckte, jetzt war es raus und Frank nahm den Arm lieber wieder zurück an seine Seite, wo er ihn zusammen mit seiner Meinung, die er zu höflich war auszusprechen, einbehielt. Dagegen sprachen sein karierter Blick und die tüchtige Art, mit der er die Asche von seiner Zigarette schnippte, Bände.

Sie verschränkte die Arme vor der Brust und bemühte sich, ihre Unterlippe nicht so weit vorzuschieben, wie ihre Psyche das gerne gehabt hätte. Da stand sie nun mit ihrem Frank und fühlte sich schrecklich bewertet. Und das, obwohl sie doch zum ersten Mal etwas Anständiges getan hatte. Es musste ein Missverständnis sein, anders war Franks negatives Gebaren nicht zu erklären.

»Hast du das mit dem Auto auf der Landstraße gehört?«, wagte sie einen letzten hoffnungsvollen Versuch und schmunzelte ihn mit verschwörerisch glänzenden Augen an.

»Ja, das war noch bescheuerter. Richtig hohle Aktion«, sagte der Freund, der ihr entwich oder umgekehrt, schmiss seine Kippe zu Boden und trat sie mit rutschendem Fuß aus.

Die Zerschmetterte disputierte: »Aber in der Nacht konnten die Kröten doch wandern.«

»Die paar Dinger ... Und die Leute, die die Zäune bauen, stehen jetzt in schlechtem Licht«, hielt er dagegen.

»Wieso?«

»Ist ja wohl klar.«

Rubi war gar nichts klar und die Ablehnung sog sie beinahe in sich auf. Sie vermutete, dass sie das Richtige getan hatte, nur mit Bestimmtheit konnte sie es auch nicht sagen. Was, wenn sie tatsächlich zu hoch gepokert hatte? Die Beklemmungen eines aufgeflogenen Bluffs, von dem sie nicht wusste, ob er einer war, drückten ihr die Kehle zu, als jählings Peter mit der kichernden Schmeckmeier an der Hand aus der drahtverstärkten Glastüre schritt. Obwohl in flagranti gestellt, ließ er flugs die Dame los und tat angestrengt normal, mit debattierbarem Erfolg.

»Frank«, grüßte er den zurückgekehrten Angestellten steif, der von ihm aus auch hätte wegbleiben können.

»Peter«, antwortete dieser brav mit bittersüßer Häme in den Mundwinkeln.

»Guten Tag allerseits«, wackelte die Schmeckmeier mit ihrem Haarhelm einen Gruß und strich sich die Bluse glatt. Sie musste sich noch zurechtfinden zwischen ihrer Wolke sieben und der bodenlosen Unverschämtheit, erwischt worden zu sein, und so brauste und sauste ein chaotisches Zirkusfest in ihren verblühten Zügen.

»Abend«, verabschiedete sich Peter spröde und die Liebste stöckelte ihm folgsam zum Parkplatz hinterher.

Rubi und Frank grinsten sich an und Frank war entzückt ob des frei Haus gelieferten Klatsches: »Der Stinkstiefel und die Ätz-Else ... Mann, mann, mann.«

Er steckte sich gleich noch eine Zigarette an, um das Gesehene zu verdauen. Rubis Lächeln schaffte es nicht bis zu ihren Wangen, geschweige denn in ihre Augen, wie ein altes Reklameschild im heruntergekommenen Teil einer Stadt hing es schief in ihrem Gesicht.

*

Diesmal war es Iana, die am Brunnen stand und wartete. Die Stadttauben unterhielten sie derweil. Rege pickte die fedrige Gesellschaft nach Brotkrumen unter der nahestehenden Bank. Die in violettem und grünem Perlmutt geschmückten Hälse zuckten dabei schillernd vor und zurück. Teile des Bewegungsflusses überspringend, tauchte ihr Schimmern durch einen klimperkleinen Ruck versetzt dort auf, wo es noch gar nicht sein konnte, als würde ihre Zeit schneller laufen als in den anderen Weiten der Dimensionen.

Iana fand sie immer noch absonderlich, diese dürre Schrapnell mit ihrer naiven Begeisterungsfähigkeit. Trotzdem hatte Rubi sie mit der Straßensperrung beeindruckt und sie wollte gern glauben, dass sie zu gebrauchen war. Und für ihr nächstes Wagnis war es nur gut, mehr Leute zu haben, ersuchte sie ihre misanthropischen Vorbehalte mit Pragmatismus zu ersticken.

Rubi kam ihr entgegengehetzt und winkte ihr, gleich einem wild gewordenen Dirigenten, der von den Schlagfiguren seines Armes durchs Fortissimo gezerrt wird, auf zwanzig Meter zu. Sie bremste ab und kam stolpernd vor ihr zum Stehen. Die Tauben stoben auseinander.

»Hi«, sagte Iana mit skeptischem Blick.

»Hallo!«, warf ihr Rubi außer Atem und im Überschwang entgegen, voll drängender Erwartung, Anschluss zu finden. Um ihren auserkorenen Halt auch wirklich nicht entwischen zu lassen, sagte sie es zur Sicherheit gleich noch mal: »Hallo.«

Iana versuchte, die Aufgeregte mit sachlichen Fragen zu beschwichtigen: »Das warst also du mit der Krötennummer?«

»Hm, ja«, brachte Rubi hervor und ihr Hals versuchte, zwischen ihre Schultern zu kriechen, in der Befürchtung, gleich wieder einen Strick umgelegt zu bekommen.

»Geil«, frönte Iana und hegte doch einen Hauch von Reue, dass sie diesen wackeren Tölpel sträflich unterschätzt hatte.

»Ja, wirklich?«, rief Rubi etwas zu laut und strahlte wie ein Honigkuchenpferd im Einhorngehege, empfänglich für jedwede Bestätigung.

Iana brachte die Stimmung alsbald zum Tiefpunkt, indem sie mitleidslos offenbarte: »Ich heiße Iana.«

Rubis Freudenrausch flaute jäh ab.

»Oh«, nahm sie die Umtaufe zur Kenntnis und war traurig, dass Louise sie angelogen hatte. Iana zeigte keine Spuren des Bedauerns und Rubi rückte sich die Mütze zurecht.

Iana drehte sich eine Zigarette und leierte: »Also, wenn du willst, dann kannst du mit zu unserer Gruppe und vielleicht auch bei der nächsten Aktion mitmachen.«

Rubi jubelte. »Ja bitte! Das wäre toll!«, und fand diese Iana gar nicht mal schlechter als Louise.

Der tat es fast schon wieder leid, sie angerufen zu haben und sich nun um die Rekrutierte kümmern zu müssen, die sie so anschmachtete. Iana sperrte sich: »Ja, komm mal runter. Alles halb so wild.«

Sie kaute auf ihrer Lippe. Sie hätte Rubi sagen sollen, festes Schuhwerk zu tragen, dachte sie mit Blick auf die schönen Stoffschuhe. Wenigstens Ianas strähniger Pferdeschwanz wippte ausgelassen an ihrem Hinterkopf, als sie zum Wagen gingen. An Rubi war alles quietschfidel.

In Max' Auto stapelten sich alte Pizzakartons, Zeitschriften und Altglas im Fußraum. Auf dem Rücksitz lagen ein Baseballschläger und eine neongrüne Wasserpistole. Der Rückspiegel war mit Klebeband fixiert, sodass man jetzt trotz und auch wegen der Reparatur nichts darin sah. Er besuchte gerade seine Mutti im Osten und überließ Iana gern das Auto, bis jetzt war es danach immer schön ordentlich gewesen (das letzte Geschenk Ianas an ihn waren die Deutschlandfähnchen und Wimpel von der WM im Handschuhfach, die einen, in den Fenstern angebracht, die meisten Polizeikontrollen unbehelligt passieren ließen).

Auf dem Weg aus der Stadt erklärte Iana Rubi den besetzten Wald und sie kam sich vor wie ein Touristenführer für Desaster: »Das soll alles Industriegebiet werden mit 'ner riesen Schweinemastanlage mittendrin. Dafür wollen die also alles abholzen und mit Beton versiegeln. Ein schöner Sargdeckel wird das.«

Als sie dem gelben Zweitürer die Vorfahrt nahm, vomierte sie wüste Beschimpfungen und Straßenverkehrs-Tourette besetzte für 30 Sekunden Ianas Geist.

»Wir haben den Wald seit fast einem Jahr besetzt. Im Moment haben wir neun Baumhäuser, aber jetzt wo der Frühling kommt, werden es hoffentlich wieder mehr Leute.«

»Wohnen da immer welche?«, fragte Rubi erstaunt.

»Ja«, antwortete Iana und fragte lieber nicht, wie es sein konnte, dass sie nichts darüber wusste und holte ersatzweise aus: »In Tasmanien saß Miranda 449 Tage in einem Baum, bevor sie ihn und alles drumherum abgefackelt haben. Das war noch richtiger Urwald.«

»Abgefackelt?«

»Ja, von den Loggern. Sonst wär' die da nie runter geklettert«, berichtete Iana nicht ohne Stolz. »Keiner beschützt ungestraft die Natur. Nicht, wenn man daraus so schönes Druckerpapier machen kann.«

Rubi fiel beim besten Willen nicht ein, was sie darauf sagen sollte und lauschte weiter.

»Unser Forst ist schon halb hinüber, aber es lohnt sich für jedes Blatt. Vor allem ist es auch eine politische Kampfansage. Dann kommen immer mal wieder die Bullen vorbei und kloppen alles kaputt. Dann bauen wir es wieder auf.«

Sie unterbrach ihre Ausführungen, um sich gründlich über einen alten Mann am Steuer aufzuregen.

»Und seit den neuen Polizeigesetzen ist das alles nur noch schlimmer geworden. Im Herbst war da 'ne große Solidaritäts-Aktion, also auch mit Familien und so. Die Cops haben das alles zerschlagen.«

»Echt?«

»Ist doch praktisch mit diesem permanenten Ausnahmezustand. Da kann man das ach so dumme Volk fantastisch vor sich selbst schützen, indem man zum Beispiel das Recht auf Versammlungsfreiheit und Protest auf Eis legt.«

Sie bogen ab und sie fluchte murmelnd vor sich hin: »In der Weimarer Republik ham'se so was auch mal ausprobiert.«

Rubi verstand erst mal gar nichts mehr.

»Agamben hat's gesagt: Geschützte Demokratie«, hier ließ sie das Steuerrad kurz los, um abschätzige Gänsefüßchen in die Luft zu gestikulieren, »ist überhaupt keine Demokratie. Die verfassungsmäßige Diktatur fungiert als Übergangsphase, die zwangsläufig zur Errichtung eines totalitären Regimes führt.«

Rubi ließ es sacken, das war alles ein bisschen viel. Nicht nur ihre natürliche Umwelt sollte also in Schutt und Asche liegen, auch ihr mentales Weltbild wurde gebrandschatzt. Sie starrte aus dem Fenster und kramte in ihrem Gedächtnis nach Dingen, die sie über den Faschismus wusste. Iana kurbelte die Scheibe an ihrer Seite ein Stück weit runter und rauchte, sie hatte genug gesagt.

Die gewundene Straße führte sie an Höfen und ungesehenen Käffern vorbei. Mit einem wohligen Seufzen atmete Rubi die Landluft ein.

Iana linste sie schief an: »Weißte schon, dass das Gülle ist? Nix Idylle. Das ist wie aufm Klo leben.«

Betroffen rümpfte Rubi die Nase.

Und Iana fügte lachend hinzu (obwohl Rubis Bild von Natur zum Heulen war): »Auf dem Klo von jemand anderem!«

Ganze Generationen schlafwandelten durch die Zerstörung, unwillig oder unfähig, die schändlichen Versäumnisse und desaströsen Veränderungen wahrzunehmen. Manchmal brauchte man nicht mal eine Generation dafür und ein Individuum schaffte es für sich ganz allein, alles zu vergessen. Was sie heute als unberührte Natur deklarierten, hätten ihre Ahnen als hoffnungslos degradiert angesehen. Und das, was sie heute degradiert nannten, würden die nächsten dann als natürlich hinnehmen. Es war die reinste planetare Amnesie, bis man schlechthin nichts mehr über den Zustand der natürlichen Welt wissen würde.

Iana parkte das Auto und zog die Handbremse. Sie waren da.

Sie stapften den matschigen Waldweg entlang und in den wippenden Ästen saßen Vögel, die dem Frühling entgegenzwitscherten und mit vorfreudigen Liedern anstehende Kopulationen besangen. Das Wasser sog sich bereits in Rubis Socken, aber sie behielt es wacker für sich. Nach wenigen hundert Metern sah Rubi die ersten Anzeichen der Besetzung.

Bunte Farben, Strukturen und Planen ragten aus verschieden Ecken des Haines. Sie gingen weiter und krumme Bauten lugten aus dem Geäst. Ein mit Laub gedeckter Tisch stand auf der Lichtung, die sich auftat, daneben eine Couch und ein eingeschlagener Fernseher, in dem ein gerahmtes Bild von Roy Black ausgestellt stand. Die Birken versteckten sich genant hinter dem Schwarzdorn und Hagebuttensträuchern. Rubi fragte sich, in welchem Zustand die ansässigen Käferpopulationen waren.

Je näher sie kamen, desto mehr Leitern und Seilzüge machte sie in den Buchen und Eichen aus, und auch etwa zwanzig Menschen unterschiedlichster Couleur, die darunter standen. Das zerflatterte Grüppchen – eine Melange aus extravaganten Frisuren und zwiebelhaft geschichteten Kleidern – saß und stand beieinander und schnatterte vital. Freundlich wurde Tupperware mit Essbarem und Thermoskannen voller Tee herumgereicht. Der gastgebende Wald hielt sich vornehm im Hintergrund und raschelte manierlich.

»Hallo«, rief Iana in die Runde.

»Hallo«, schallte es aus mehreren Richtungen zurück. Einige guckten kurz auf, verweilten aber lieber in ihrem Gespräch, dabei ein genauerer Blick von der Seite auf die Neue. Da war nichts Abfälliges dabei. Die Gruppe war da, wer dazu kam, kam dazu. Ganz unspektakulär ging es vonstatten, ohne Hokuspokus um Einzelne.

Ein dunkler Kerl mit schönem Gesicht kam auf sie zu.

»Milinsky, alte Kanaille!«, begrüßte Iana ihn im liebevollen Scherz und sie nahmen sich in den Arm.

»Das hier ist Rubi«, sagte sie und legte zum Beweis ihre Hand auf die Schulter der Vorgestellten.

»Hi«, sagte Milinsky mit überdeutlichem Desinteresse. Er war ein Mistkerl, der nicht viel sagte und alles im Blick hatte (in Bulgarien hatte er auf der Straße gelebt, nicht unweit eines Bioweingutes, das leichtes Geld mit deutschen und englischen Touristen machte. Eines Tages fuhr ein Freund gen Westen, um Arbeit zu finden; Milinsky hatte sich, ohne groß überlegen zu müssen, drangehangen. Dies hier war jetzt sein Revier und er guckte sich jeden genau an, bevor er sein hart Erkämpftes mit ihm teilte).

»Hi«, kullerte es aus einer erröteten Rubi heraus. So sehr sie sich seine Schmähung nicht gefallen lassen wollte – sie war hin und weg von dem verwegenen jungen Mann.

»Sind alle da?«, fragte Iana.

Milinsky nickte stumm und ging davon. Iana lenkte Rubi vor sich her in die Mitte der Gruppe.

»Hallo«, »hallo«, »hallo«, wurde wieder gegrüßt und sie setzten sich auf eine der Bierbänke. Iana schwatze mit ihren Freunden und Rubi kämpfte nervös darum, ihre Unsicherheit zu vertuschen. Ein Mädchen mit dunkel geschminkten Kleopatra-Augen drückte ihr einen Tee in die Hand und setzt sich sehr nah neben sie. Sie lehnte sich an Rubi, als würden sie eine jahrelange Freundschaft teilen und lächelte: »Hi, die nennen mich hier Pine.«

Rubi stellte sich vor und hätte sie am liebsten umarmt. Sie war bestimmt das schönste Wesen, das sie je gesehen hatte.

Ein sportlicher Mann, der einen Kletterharnes trug, ging umher und rief in den Wald, es ginge jetzt los. Das Gemurmel auf den Bänken und auch auf den Matten am Boden versickerte in allgemeiner Obacht und ein Typ mit fünf fisseligen Dreadlocks ergriff das Wort.

»Hi, ich bin Terrie und ich moderiere, äh, heute die Diskussion«, stotterte er mit gebotener Zudringlichkeit und einem Schuss Arroganz. »Ich mach hier auch die Liste für Wortmeldungen, ehm. Wir haben beschlossen, jetzt nur über, ehm, *Mission Chicken Run* zu sprechen. Das große Plenum für den Wald ist später.«

»So ein blöder Film«, mokierte sich jemand.

Es grummelte Zustimmung und Disput aus verschiedenen Reihen.

»Mel Gibson ist Antisemit«, warf ein anderer ein und gab gleich wieder Ruhe.

Iana lehnte sich zu Rubi, die bald verrückt wurde vor lauter Nähe, und flüsterte in ihr Ohr: »Das ist Mario, der hört sich gerne reden, ist sonst aber okay.«

Milinsky stand abseits mit verschränkten Armen an einen Baum gelehnt und hörte zu.

Terrie machte weiter: »Okay, es sind auch ein paar Neue dabei, darum erkläre ich jetzt noch mal kurz, worum es geht ... Ach so, vorher, äh noch: Die VoKü bittet die darum, die können, was in die Kasse zu tun. Danke.«

Dann erklärte er, wie der Schlachthof gestürmt werden sollte. Rubis Füße waren nass und kalt.

»Es gibt Team Einstieg, Team Schmiere und Team Propaganda«, erörterte er und drehte die Finger in seine bröseligen Dreads.

Rubi hörte gebannt zu und rutschte auf ihrem Sitz hin und her. Pine schmuggelte sich ihr hinterher und legte voller Anstand die Hand auf Rubis Oberschenkel. Iana knibbelte ungerührt Dreck unter ihren Fingernägeln hervor und Rubi glaubte bald, in die ganze Waldbelegschaft verknallt zu sein. Terrie ging den Lageplan durch und die hölzernen Riesen hielten weiterhin gemütlich knarzend Wache.

Ein Mädchen, an dem nicht nur die Haare zottelig waren, kam aus dem Gebüsch gehetzt und stolperte fast über ihre eigenen Beine, die die Koordinationsfähigkeit gekochter Spaghetti zu haben schienen. Sie pustete sich den verfranzten Pony aus den Augen und sah immer noch nichts unter ihren schwarzweiß gescheckten Strähnen.

»Sorry, ich hab mich verlaufen«, entschuldigte sie sich verschmitzt. Milinsky stand abseits mit verschränkten Armen an einen Baum gelehnt und hörte zu. Sie war seit zwei Monaten hier.

Die Göre grinste konfus, als sie an Rubi vorbeikam: »Hi, ich bin Eliza«, und ihre kleine Zungenspitze schob sich lispelnd zwischen ihre Vorderzähne.

Sie warf ein Stück Pappe auf den feuchten Boden und stieß dabei die Thermoskanne um, dann setzte sie sich umständlich. Der, der jetzt genau hinter ihr saß und nichts mehr sah, rutschte entnervt zur Seite. Terrie redete weiter und Eliza hatte es aufgegeben ihren Pony wegzupusten und guckte von unten drunter her. Ein Typ in Patchwork-Jacke und mit einem langen Ziegenbart in seinem Rübengesicht fragte nach den Seelen der Tiere und drehte von sich selbst erleuchtet die Holzperlen in seinem Haarwuchs gegen den Uhrzeigersinn.

Iana beugte sich wieder zu Rubi und gluckerte leise: »Mach dir um den keine Sorgen, den schicken wir dann beten oder so. Das ist die übliche Verschratung. Normal bei jedem Projekt, und im Wald erst recht.« Sie kicherte.

Der Himmel im Westen glühte in tiefem Blau, während man im Osten schon ins dunkle All schauen konnte. Rubi wusste gar nicht, wo sie zuerst hingucken sollte und Terrie hatte immer noch was in petto.

»Wir haben die Schlüssel vom Hof nachmachen lassen. Es werden etwa 140 Tiere da sein ...«

Nüchtern sprach er über die Insassen des Todestraktes. Über den Tag würden hunderte weitere angekarrt werden. Allesamt unschuldig, da waren sich ausnahmsweise alle einig, und doch wurden die täglichen Hinrichtungen von den Massen bejohlt.

Iana flüsterte schon wieder: »Und? Bist du dabei?«

Rubi fiepselte sakral: »Ja.«

Sie würde helfen, die Galgenfrist des Getiers bis zur natürlichen Henkerei des Lebens zu verlängern. Ein ungewohntes Ehrgefühl machte sich unter ihrem Busen breit und half ihr, alle Hasenherzigkeit beiseite zu schieben. Nein sagen konnte und wollte sie jetzt eh nicht mehr, das wäre zu peinlich.

Die Blätter und Nadeln im Wald flüsterten nun auch von Widerstand und Freiheit, während seine aufrecht gehenden Einlieger auf dem weichen Boden Pläne schmiedeten und Iana sich mit Rubi fürs Team Einstieg einteilen ließ. Dann, urplötzlich, war das Treffen beendet und die Gruppe zerstreute sich. Milinsky war von seinem Platz verschwunden, andere kletterten in ihre Häuser zurück, ein paar weilten weiter zusammen. Pine nahm die Hand von Rubis Bein, stand auf und warf sich liebestoll an den nächsten Menschen.

Die dimmen Lichter von Solarlampen ploppten automatisch in der Dämmerung auf. Zwischen den Büschen und Bäumen waberte schon satt die Dunkelheit. Empfindlich tapste Rubi mit hängenden Schultern einen Meter neben den anderen herum und schaute unentwegt zu Boden, als hoffte sie, dort die Betriebsanleitung für die Zusammenkunft zu entdecken. Manieriert walzte sie das eine oder andere Lächeln aus ihrem Gesicht und traute sich doch nicht, sich in die Runde einzuladen.

Iana ärgerte sich, dass irgendein dahergelaufener Anstand es gebot, sich mit Rubi zu beschäftigen. Viel lieber hätte sie sich ungezwungen mit ihren Freunden unterhalten und wäre dabei sie selbst gewesen. Sie lotste ihr Anhängsel zu Mario, damit er die ungewollte Unterhaltung mit seinen vielen Worten füllen konnte.

»Hi, ich bin Rubi«, sagte sie dümmlich zu dem reizenden Gecken der IT-Zunft, der das System mit aufwieglerischen Nullen und Einsen penetrierte.

Mario knipste seine Stirnlampe an und der Lichtstrahl traf Rubi mitten ins Gesicht: »Call me legion, as we are many.«

Als sich ihre Pupillen auf angemessene Größe zusammengezogen hatten, sah sie den Aufdruck auf seinem Shirt und verstand ihn gleich ein wenig besser: *Sometimes anti-social, always anti-fascist.* Er gackerte über seine, wie er es sah, ruchlose Art und stampfte ungeschickt auf dem moosbedeckten Boden, während er darauf wartete, dass man seinen Witz verstand. Marios Unsicherheit war ein Segen für Rubis eigene.

Pine schwebte mit einer Tüte voller Schokolade vorbei und guckte sie elfenhaft mit großen Augen an. Eine weitere Kopflampe gesellte sich dazu, getragen von einer kleinen, fülligen Frau. Ihre Arme und Beine ragten aus ihrem Torso wie Streichhölzer aus einer reifen Birne.

Iana umarmte sie und drehte sie dann zu Rubi: »Darf ich vorstellen: Conchita.«

Augen, Nase und Mund hatten sich tief in der Mitte ihres runden Puppengesichts zusammengefunden, aus dem sie sie mit Interesse sichtete. Dann hielt sie Rubi heiter ein stummeliges Händchen entgegen: »Hallo, ich bin dick. Ich sag es, damit du es nicht denken musst.«

Rubi war perplex, es drang sie, das aus Höflichkeit zu verneinen, aber wer hätte ihr schon geglaubt. Iana lachte laut und drückte Conchita gleich noch mal. Dann drehte sie sich um und ging einfach weg. Sie wollte ihr Exil von der Gesellschaft ungehemmt genießen können. Sie stiefelte durch das Camp und labte sich an dieser Welt innerhalb der Welt.

Es war nicht die Utopie, dafür war dieser Flecken Vegetation nicht genug, die Besetzung in sich zu widersprüchlich. Es war vielmehr eine Diaspora im Forst, eine Insel der Zukunft, die sich stur an der Behäbigkeit der Plattentektonik abkämpfte. Sie liebte ihr Heterotopia und wohnte doch nicht hier. Vielleicht graute es ihr mehr davor, es am Ende wieder einzubüßen, als davor, darin zu leben, wo alles andere doch auch verloren ging.

Sie lehnte sich an Milinskys Baum und fragte sich, wie man in solch einer vorzüglichen Gesellschaft den Bezug zum Rest der Welt behielt, um sie dann radikal zu ändern.

Das große Plenum tagte unter der schimmelgezierten Zeltplane. Es wurde wild debattiert, ob sie den Vergleich annehmen sollten. Die Staatsanwaltschaft hielt eine beträchtliche Geldbuße und Sozialstunden für die Sachbeschädigung an den Baufahrzeugen für eine angemessene Bestrafung, nachdem sie wenigstens davon abgekommen war, Zucker im Tank als Terrorakt zu betiteln.

Ihr Anwalt war erbost, gerade weil es das Beste war, was sie zu erwarten hatten: »Tut mir leid, aber das wisst ihr ja selber, dass das System scheiße ist.«

Sie nannten ihn nur ihren Advocatus Diaboli und er rieb sich die Hände, voller Entzücken über einen neuen Winkelzug wider der Gerichtsbarkeit (anders als sein Sekretär, der nicht verstehen wollte, was all die Pro-bono-Akten auf seinem Tisch sollten).

»Diese Halunken!«, erboste sich Terrie und drehte die Haarwürste.

Milinsky trank aus seinem Flachmann. »Ablasshandel.«

Schnell hatten sich zwei Lager gebildet, eines, das den

Vergleich annehmen wollte, damit sie sich auf was anderes konzentrieren konnten, und eines, das die Strafe nicht auf sich sitzen lassen wollte.

»Aber so ein Fall hat doch auch eine politische Tragweite«, tönte es.

Und es schallte zurück: »Aber wir müssen uns das ja nicht extra antun. Willst du dich jetzt selber in die Repression katapultieren?«

Es stöhnte und ein Bier fiel um.

»Du glaubst doch nicht im Ernst, dass wir jemals 'nen Freispruch erzielen ...«

Sie kamen um den Pakt mit dem Teufel nicht herum. Heiß diskutierten sie, wie weit sie um die Freiheit feilschen würden und um welche. Der Advocatus Diaboli griff nach Milinskys Flachmann. »Auf Brecht.«

Rubi stierte nach Iana, die noch bei der Versammlung saß. Wo auch die meisten anderen hingegangen waren und sie wie einen Pilz im Wald alleine stehengelassen hatten. In einem der Baumhäuser wurde Ukulele gespielt und schief dazu gesungen. Drei Buchen weiter rief es: »Das ist ja Körperverletzung!«, und der Zupfinstrumentierende stimmte ein bizarres Brian-May-Solo an. Es passierte viel in diesem Wald und Rubi hatte noch nicht einmal das Unterholz gesehen.

Sie setzte sich zu Eliza und Pine, die mit zusammen geschobenen Hintern auf einer Isomatte weilten. Rubi lächelte krumm und bemühte sich, nicht aufzufallen, zumindest nicht unangenehm. Tatsächlich schien sie nicht zu stören. Alle Zeit ward von Pine und Eliza vergessen. Die Schöne fuhr mit den Fingern durchs Laub und steckte sich dann ein besonders hübsches Blatt hinters Ohr. Eliza guckte verträumt in den Wald.

Rubi räusperte sich: »Was sagt eigentlich eure Familie dazu, dass ihr hier wohnt?«

»Ich komm aus'm Heim. Ich kann mich gar nicht an meine Eltern erinnern«, sagte Eliza leger.

»Ich bin eine Prinzessin! Die lieben mich, egal was ich mache«, gestand Pine und deutete Rubi an, enger ran zu rutschen. Wenigstens damit war ihr geholfen.

Eliza guckte sich um, als hätte sie auch schon wieder vergessen, wo und wer sie war und kratzte sich am Hals: »Das hier ist meine Familie.«

Rubi gluckste wonnevoll und bot den beiden Pines Schokolade an. Auf einmal war es wie freihändig Fahrrad fahren, da machten auch ihre durchmatschten Socken nichts.

Iana fand Rubi ins Gespräch vertieft wieder. Durchaus zufrieden mit ihrer rohen Pädagogik, zündete sie sich eine Zigarette an. Sie hatte Rubi ins tiefe Ende des kalten Beckens geschubst und nicht einmal die Stimmung war dabei abgesoffen. Sie liefen zurück zum Auto und Rubi fühlte sich an Nachtwanderungen ihrer Kindheit erinnert. Der Forst wisperte, als läge alle Weisheit in ihm und Rubi stolperte über einen Stock. Iana half ihr auf und hänselte fröhlich: »Hallo, ich bin ungeschickt. Ich sag es, damit du es nicht denken musst.«

Rubi klopfte sich schmunzelnd den Dreck von der Hose. Dann fragte sie aufs eine Mal irritiert: »Ich dachte, du magst keine Dicken?«

»Hä? Das ist doch Conchita!«, sagte Iana, als wäre die Antwort offensichtlicher als Conchitas Leibesfülle. »Ist mir doch Wumpe, wenn jemand dick ist.« (Das stimmte nicht, aber man durfte es eben nicht laut sagen.)

»Aber du ...«

»Jaja. Aber solange Dicke nicht das gelebte Symbol einer alles vertilgenden Gesellschaft sind, ist das was anderes. Conchi ist cool.« (Sie war eine der fähigsten Saboteurinnen auf der Jagd. Sie rannte schnell und wenn sie mal im Dickicht feststeckte, so riss sie sich los, und wenn es ihr ferner das Hemd dabei zerriss, dann jagte sie die Jäger auch schon mal barbusig über Feld und Flur.)

Rubi ging etwas vorsichtiger auf dem rutschigen Weg und Iana murmelte störrisch, als hätte sie Schwierigkeiten, es Conchita zu verzeihen: »Die wird trotzdem an Diabetes oder so sterben.«

Sie knallten die Türen zu, schnallten sich an und schoben dabei den Müll mit den Füßen beiseite. Die alte Kiste sprang klappernd und dröhnend an und die Scheinwerfer fluteten die Nacht, die blamiert zur Seite wich.

»Danke, dass du mich mitgenommen hast.«

Iana beugte sich vor, um besser sehen zu können und hakte nach: »Du meinst es schon ernst, oder?«

»Ja.« Sie entthronte Raffas Blicke, die ihr noch im Nacken saßen und postulierte: »Ich habe lange genug nichts getan.«

Rubi war wie verzaubert von dem besetzten Wald. Es drängte sie mitzumachen. Sie wollte auch knietief im Dreck stehen; mit Splittern in den Fingern und Schrunden an den Ballen Baumhäuser errichten. Sie wollte ihre Zeit nicht länger in der Mittelklassigkeit verplempern. Rubi wollte Antworten und Iana reichte ihr die passenden Fragen dazu. Im besten Fall war die Lösung für beide dieselbe.

Das Auto kam mit quietschenden Reifen in einer Vollbremsung zum Stehen. Das Gerümpel sauste durch die Karre, Ianas Arm reckte sich schützend vor Rubis Brust und die stieß einen spitzen Schrei aus. Das Reh stand mitten auf der Straße, guckte kurz mahnend auf den knatternden Störenfried und hopste elegant zurück ins nächtliche Gestrüpp. Schweigend und um Fassung ringend blickten sie der formvollendeten Ricke hinterher ins Schwarz.

Iana nahm langsam ihre Hand von Rubis Sternum: »Gut.«

*

Sie hatte Cody und dieser Folie à deux für heute abgesagt (es war nicht bekannt, wer bei wem den Wahn induzierte und welchen. Egal, ob nun der körperliche oder der monetäre Hunger zu der kränklichen Symbiose führte, heute wurde sie pausiert). Rubi wusste, dass ihm das Geld fehlen würde, da konnte man nichts machen.

Mit einem Teelöffel wühlte sie vorsichtig im weichen Substrat, ganz ohne wissenschaftlichen Grund. Sie wollte bloß wissen, was ihre Engerlinge machten. Mit Freude zog sie eine Haut heraus und hielt sie gegen das Licht. Der Fetzen war vor lauter Binnendruck von dem stetig wachsenden, vorherigen Passagier der Epidermis abgeplatzt. Sie brauchte nicht weiter herumzustochern, sie wusste, dass in dem Torf eine anschwellende Larve mit ihrer neuen, größeren Haut herumrobbte.

Sie machte sich einen Kaffee und blätterte in ihren neuen Kochbüchern herum. Zwei Stück für dreizehn Euro, ein richtiges Schnäppchen. Gleichwohl sie auch fortan eher Nudeln mit Tomatensauce kochen würde, anstatt sich Mangoldrouladen mit Quinoa-Füllung und Meerrettichschaum zu kredenzen (*die sind doch nicht ganz knusper, diese arschköpfigen Schweinevampire!*, hätte Oma Anni den Autoren wohl vorgeworfen und eine Portion Kartoffeln in die Pfanne mit altem Bratfett geworfen).

Auch wenn es dreizehn Euro kostete, für etwas, das sie nicht brauchte, war ihr es das renovierte Leben wert. Sie kaufte sich ein, weil ihr kein anderer Weg einfiel. Zwei Kochbücher, ein Paar vegane Stiefel, 500 Gramm Zapatistakaffee und fünf regionale Äpfel an einem Tag. Sie war ganz vorne mit dabei.

Mit dem Kaffee in der Hand lief sie das frisch erstandene Schuhwerk in der Wohnung ein und kam vor ihrem Setzkasten zum Halt. Ein Nebelkrähenpaar saß vor dem Fenster und sah von draußen zu. Wie die Ölgötze stand Rubi vor ihrem Goliath, dem Chitin-Monument ihres Neubeginns.

Sie rutschte ein ganzes Stück näher an das schwarze Loch ihrer Sehnsüchte, als sie sich fragte, ob sie ihr Ziel jemals erreichen würde. Dabei hatte Rubi keinen Schimmer, was der selbstauferlegte Soll überhaupt war, und so erübrigte sich sowohl der Vorwurf der Naivität als auch der der Paranoia.

Überengagiert und mit entsprechend zerzaustem Nervenkostüm lief sie alsbald vor dem Käfermahnmal auf und ab und war mit ihrem Herz im Wald. Sie wollte ihnen gefallen, sie wollte alles richtig machen, sie wollte dazu gehören. Am Fenster hielt Rubi an. Die Zierbrombeere war, von den sonnigen Tagen motiviert, gewuchert. Sie ergriff ihr Seziermesser, zog es aus der Plastikhülle, hackte die Ranke ab und beseitigte sie. Als die Krähen sahen, dass ihr Moment der Schwäche vorbei war, flohen sie. Rubi freute sich aufs Schlachthaus.

Sie trafen sich um vier Uhr in der Nacht und zogen sich die weißen Maleranzüge und Sturmhauben über – Rubis stolzeste Errungenschaft ihrer letztwöchentlichen Shoppingtour. Mario hatte den nachgemachten Schlüssel an Milinsky weitergegeben, der zur Sicherheit auch noch seinen Bolzenschneider im Gepäck hatte. In Rubi bebte es und schon waren sie drinnen. Team Einstieg schloss die schwere Eisentür hinter sich, machte die Taschenlampen an und verrammelte den Eingang. Es roch nach toten Ratten und geronnenem Blut. Conchita, die den Lageplan bestens studiert hatte, führte sie durch die dunklen Flure, an den Büros vorbei in die Halle.

Iana war, als würde sie in flüssigen Stickstoff getunkt, als sie die lebensgefährliche Werkstätte betraten und zersprang fast ob der Grausamkeit. Hier war das Kühlhaus mit fleischigen Vorhängen aus aufgehängten, mittig gespaltenen Leichen. Dahinten kamen die Tiere an und sahen vom Käfig aus zu, was der Verwandtschaft bereits passierte; in dem Gitterverschlag wurden sie ein bisschen getötet (das war gar nicht so leicht, wie man es gerne hätte. So ein Rind lässt sich nicht immer gehorsam mit einem Bolzenschuss zu einem Genussmittel meucheln. Dann traten sie mit weit aufgerissenen Augen aus und schnappten nach Luft. Die Schweine bekamen einen Stromschlag, damit sie beim Entbluten nicht so lebendig wirkten. Zu guter Letzt waren sie trotzdem tot), hier wurde dem Vieh der Hals erweitert aufgeschnitten, die Augenlider sowie die Gehörgänge entfernt und da am Fließband ging bei Bedarf die Fleischbeschau vonstatten – geleitet von Veterinären, die sich um das Wohl der Verstorbenen sorgten.

»Ich geh die Tiere filmen«, sagte Milinsky und ging in Richtung der Ställe.

Rubi schaute Iana fragend an.

»Überleg dir das gut«, sagte die und Rubi folgte dem Bulgaren nicht.

Iana fühlte sich mit ihren gottlosen Übermenschen gerade sehr in der Unterzahl und atmete mit geblähten Lippen aus. Sie waren die Vorhut, die besser nicht an sich ranließ, was sie da bekämpfte, damit sie es auch konnte.

Pine stupste Conchita an. »Komm, wir bringen schon mal die Banner aufs Dach.«

Rubi fragte Iana im Flüsterton: »Und was machen wir?«

Feierlich stellte Iana ihren Rucksack vor sich und entblößte ihr Arsenal aus Hämmern, Zangen und Brecheisen. »Verbesserungsarbeiten.«

Mit kindlichem Zerstörungswahn schlug Iana auf die Elektronik der Rohrbahn ein. Rubi formierte sich und schnippte wahllos Kabel durch. Den Hochdruckschlauch des Bolzenschussgeräts zerschnitten sie in mehrere Teile, ächzend wurde ein Computer zerschmettert und die Axt auf Teufelkommraus geschwungen. Jetzt war dies ihre Schlacht und das Poltern, Knallen und Rumsen auf dem gemeinen Inventar spielte ihre Siegeshymne dazu. Ianas Augen funkelten voll schmerzhafter Revolte und sie wischte sich die Haare aus der verschwitzten Stirn. Rubi hechelte und sah es wie Licht durch die Risse ihrer Freundin schimmern. Auch in Rubi platzte etwas auf. Sie starrten in einen Abgrund, aber immerhin vom Gipfel.

Das Funkgerät knisterte: »Seid mal nicht so laut.«

Iana grinste albern und funkte zurück: »Sorry. Ja.«

Sie nahm ihren letzten Streich aus der Tasche und drehte den Deckel des Plastikcontainers auf. »Jetzt wird's eklig.«

Bemüht, keine Nische auszusparen, verteilte sie die Buttersäure auf den Gerätschaften. Der gnadenlos ranzige Gestank vermischte sich mit dem Verwesungsgeruch und der Angst, die an den Kacheln klebte.

Iana packte die Werkzeuge ein und verwarf den bestialischen Grad der Schlächterei: »Die Verkonsumierung des Lebens ist doch völliger Wahnwitz. Die machen sich hier mit jedem Mord ein bisschen mehr zum Selbstmörder.« (Ein Perpetuum Mobile der Idiotie tyrannisierte die Welt, die sich vollends dem Dunning-Kruger-Effekt hingab und ihre Inkompetenz mit absoluter Selbstüberschätzung kaschierte. Und schwuppdiwupp wird aus dieser Überschätzung Selbstzerstörung.)

Pine kam zurück und legte den Arm um Iana: »Alles fertig oben.« Sie guckte sich in den Trümmern um. »Schön habt ihr das gemacht«, und lächelte Rubi aufmunternd zu.

Sie standen in der ramponierten Halle und warteten, dass ihr Team sich zusammenfand. Durch die Nase atmeten sie dabei nicht und hörten die Schweine aus der Ferne schreien.

Ianas Herz brach, Rubi hatte angstvolle Tränen in den Augen, und die drei hielten Händchen. Alles war echt.

Rubi schluckte. »Meinst du, das wird jemals aufhören?«

»Es muss«, und Pine drückte ihre Hand etwas fester.

»Aber wie?«

»Mein Gott! Luft, Wasser, Kapitalismus. Als wäre das alles unabdingbar«, schaltete sich Iana entnervt ein: »Ist es wirklich einfacher, sich das Ende der Welt auszumalen als das Ende des Kapitalismus?«

Iana zuppelte sich das Balaclava zurecht und kam auf Rubis Frage zurück: »Freiheit wird von Kriminellen erlangt. Das war schon immer so.«

Conchita kam beglückt um die Ecke gesaust: »Das wird richtig, richtig gut!«

Dann guckte sie voller Gram auf das Fließband, an dem

immer die gleiche Person von früh bis spät ein Schwein nach dem anderen mit der Elektrozange bezwang, während ein anderer (meist rumänische Arbeiter, die ihren Hungerlohn gleich zurückgeben durften, um für die Nutzung der Schutzkleidung und die horrende Miete ihrer Massenunterkunft zu latzen) im Akkord Halsschnitte an den Kehlen der Auszublutenden ansetzte. »Tiere, Menschen, alle nutzbar, alle austauschbar.«

Ein System, das sie so grausam einteilte, musste nicht geändert werden, es musste weg.

Milinsky stieß mit verhärmten Zügen zu ihnen. »Es sind mehr als 150. Hauptsächlich Schweine, vierzig Rinder und ein paar Schafe.«

»Der Lebenshof von Susanne und Fred hat genug Platz«, sagte Pine und strich ihm über den Arm.

Conchita gab Team Schmiere über Funk Bescheid: »Alles bereit bei uns.«

»Super! Hier auch alles parat«, berichtete Eliza von draußen und spuckte dabei kleine Speicheltropfen ins Funkgerät.

»Dann ist *Mission Chicken Run* jetzt GO.«

»Go!«, bestätigte die Gescheckte.

Es war halb sechs und Team Einstieg sprintete aufs Dach, Conchita auf ihren Streichholzbeinchen allen voran. Sie ließen die großen Transparente an der Fassade hinunter. *Bis jede Schlachtfabrik stillsteht! Protest, Sabotage, Widerstand!*, und mit roten Lettern auf einem anderen Stück Leinen, *Tiere sind Lebewesen und keine Ware.*

Eliza und Mario brachten simultan ihr Transparent am Eingangstor an, *Umweltzerstörung und Tierausbeutung unmöglich machen* (»machen« war diagonal geschrieben und wurde mit jedem Buchstaben kleiner, damit es noch mit drauf passte. Conchita hatte laut gelacht, als sie das setzerische Malheur gesehen hatte).

Jetzt, da der propagandistische Frontschmuck angebracht war, schlüpften sie zur Hintertür hinaus. Conchita funkte: »Alles okay. Team Einstieg ist raus.«

Max stand an der Einfahrt bereit. Er klemmte mit seinem langen Oberkörper zwischen Sitz und dem Dach des Wagens fest und sie warfen ihre Rucksäcke, Balaclavas und das Funkgerät in den Kofferraum. Max fuhr davon und die Deutschlandwimpel surrten im Fahrtwind.

Wie auf magischen Knopfdruck fanden sich vor dem Eingangstor des Hofes über dreißig Gestalten in identischen Maleranzügen ein. Team Einstieg kam dazu gerannt und löste sich in der Menge auf. Es war unmöglich zu sagen, wer wer war. Sie waren alle alles.

Um 5:40 Uhr schickte Terrie die Presseerklärung raus. *+++ Schlachthofblockade +++ Wir fordern, alle Todesfabriken zu schließen und die Tiere auf Lebenshöfe zu bringen +++*. Eliza, Mario und ein paar der Neuankömmlinge ketteten sich mit Fahrradschlössern um den Hals an das Haupttor. Um viertel vor sechs waren die ersten Arbeiter da und blieben lieber auf Distanz. Das Geschrei ging um kurz vor sechs los, als der Chef ankam und vor Empörung rot anlief. Drei Minuten später war die Polizei mit zwei Streifenwagen und Blaulicht am Platz.

Ziegenbart faltete die Hände und machte keinerlei Anstalten, sie beim Wegtragen seiner Körperhülle zu unterstützen. Der stiernackige Vorarbeiter brüllte und versuchte die Demonstranten wegzuziehen. Eliza kläffte ihn, obwohl an die Kette gelegt, wie besessen an. Mario verkündete ihre

Schlachtrufe durchs Megaphon. Iana, Rubi und Pine hakten sich bei den anderen ein und stärkten die Sitzblockade. Ein fleißiger Pressevertreter knipste seine Bilder und Milinsky filmte die Polizei, die ausgesprochen dagegen war. Es war ein musterhafter Trubel.

Eine Wanne traf ein und spuckte gewaltbereite Playmobilmännchen aus. Iana sang ein Lied von Team Dresch vor sich hin, als der Vorarbeiter ihr an den Haaren zog, *Some people get it, a lot more need it: Freedom*. Pine trat ihm aus dem Sitz das Knie weg und die Uniformierten eilten herbei, ihr das mit groben Griffen auszutreiben.

Der Fuhrpark wurde um einen Tierlaster erweitert. Susanne kletterte aus der Fahrerkabine und teilte den Staatsdienern entschieden mit: »Wir sind hier, um die Tiere abzuholen.«

Ein Rentnerehepaar blieb auf ihrem Weg zum Arzt stehen (Jakob beschrieb Marianne in sprudelndem Eifer das Spektakel, worauf sie in die Hände klatschte und die jungen Menschen geflissentlich lobte), zwei weitere Journalisten berichteten nun live vom Geschehen und wurden von den Beamten weggedrängt, auf der anderen Straßenseite heulte ein kleiner Junge am Arm seiner Mutter (zu Recht).

Pine schaute ihre Komplizen liebevoll an, als die Schergen sie zum Polizeiauto zerrten, und Rubi fragte sich, ob sie, jetzt, da sie lebendiger war, dann am Ende auch mehr tot sein würde.

*

Die tranige Mixtur aus selbst beweihräuchernder Noblesse und der Ahnung, dass sie das System trotz allem nicht gestürzt hatten, bestimmte Rubi in diesen Tagen. Ihr blieben die zephirischen Erinnerungen an ihr Husarenstück, an die Sammelfestnahme (ihre erste überhaupt!), an die Freundschaft, an den Nervenkitzel der Lädierung. Doch dann hatte sich da dieses Vakuum aufgetan, das sich nicht stopfen ließ. Nicht ein Tier hatten sie vor der Schlachtbank bewahrt. Die Polizei hatte Fred einen Platzverweis erteilt, als er sich nicht bändigen lassen wollte und eine Ladung Mist auf die Polizeikarosserien geschaufelt hatte. Im Schlaf hörte sie die Schreie der Schweine und wenn ihre Gedanken abdrifteten, stieg ihr der Verwesungsgestank in die Nasenlöcher. Rubi taumelte zwischen manischer Vergnüglichkeit und bitterer Verlustangst.

Obendrein fehlte ihr die Schwester, trotz aller Differenzen. Ein ganzes geteiltes Leben konnte nicht ohne wehe Einschnitte entzweit werden. So schluckte Rubi den ganzen sauren Apfel auf einmal und klingelte bei Raffaela. Der Preis, den sie für ihr Kriechen bezahlen musste, war hoch. Thilo genoss die Rolle des Vergebenden und zog sein Lamento in die Länge.

»Du musst an dir arbeiten«, erklärte er väterlich mit eingezogenem Kinn und fügte hinzu, »so kann es mit dir nicht weitergehen.«

Rubi trank den Wein, der vor ihr stand und tat Buße.

»Du musst einen besseren Weg finden, deine Gefühle auszudrücken. Die Flucht in den Extremismus ist falsch«, wusste Raffaela erbarmungsvoll und Thilo nickte seine gnädige Zustimmung. Rubi bedauerte, dass ihr Wein schon leer war.

Befähigt durch ihre Moral von erstaunlicher Viskosität, bestärkten sie Rubi, weiterhin für die Umwelt zu kämpfen, es sei tatsächlich ein nachvollziehbares Anliegen. Nur sollte sie umgotteswillen einen adäquaten Weg dafür finden. Wie sie da ihre elastischen Werte feilboten, fand Rubi es schier geschmacklos, dass gerade sie sich genussvolle Wanderungen und ungespritztes Gemüse leisten konnten. Das bisschen Natur, das noch übrig war, sollte gefälligst denen zustehen, die sich darum kümmerten.

Aber Rubi schenkte sich nach und lächelte artig. Zur Krönung der Intervention ließ sie sich das Versprechen abnehmen, die zwei Teufelsaustreiber zu einem Woke-Seminar zu begleiten. Von Wein und Wirrsinn war sie zu beduselt, um abzuwehren.

Viel zu bald brummte sie in ihrer ausgeleierten Jogginghose in einem lichtdurchfluteten Raum mit Bambusdekoration, durch den leise Panflötenmusik hallte, die sie wohl bereinigen sollte. Rubi sehnte sich nach einer Welt, in der dieser Schabernack Wirkung hätte und versuchte, gerade zu sitzen. Kleine, runde Kissen wurden verteilt, Raffaelas positive Gedanken traten über alle Ufer und sie hielt Thilos Hand. Wellenrauschen mischte sich unter die Flötenklänge. Rubi verdrehte die Augen unter geschlossenen Lidern und flüchtete in ihren Schneidersitz (der in diesen Hallen allerdings Asana Sukhasana hieß, damit Körper und Geist neue Energien daraus schöpfen konnten, anstatt mit vulgär verschränkten Beinen irdisch dazuhocken).

Eine verhuschte junge Dame im Wickelrock tänzelte barfuß durch den Raum und zündete lange, weiße Kerzen an. Thilo begrüßte mit vor dem Herzchakra gefalteten Händen ein Paar, das sich seelenvoll auf ihre Matten sinken ließ. Die

Frau trug ein rotes Stirnband und Kummerfalten. Da drückte sich ihr Allerwertester in den türkisfarbenen Schaumstoff und jeder war für sich alleine traurig, wenn überhaupt. Man hatte Schuldgefühle, wo sie unnötig und schädlich waren, und ihre klaffende Abwesenheit, wo es dringend Not täte. Es war die *Folie à millards.*

Ein Raunen ging durch die kleine Menge, als der Yogi durch einen Muschelvorhang den Raum betrat. Mit bedachten Schritten und einem verzärtelten Gesichtsausdruck, als hätte er alle Lebensweisheiten ganz alleine aufgefressen, stolzierte er an den Kursteilnehmern vorbei zu seinem Platz am Kopf des Raumes (Ricky Müller betrieb dieses Gewerbe seit nunmehr fünf Jahren. Nachdem er als BWLer im Rechnungswesen wenig Erfolg zu verbuchen gehabt hatte, ihm die Frau weggerannt war und die Freundin einen Tripper nach Hause schleppte, hatte er einen, auch steuerlich vorteilhaften Neubeginn gebraucht. Ricky mochte Sportwagen und Pfirsichmousse. Seine neue Frau mochte ihn auch nicht).

Raffa sah Rubi an und ihre Augenbrauen rutschten wiederholt auf und ab, um ihr zu verstehen zu geben, dass ihnen wahrlich Großes bevorstand. Thilo beugte sich zu einem tiefen *Namaste*, das Seminar hatte schließlich 200 Euro gekostet. Der Yogi setzte sich und überblickte verträumt die erwartungsfreudige Schar.

»Willkommen. Ich freue mich, dass ihr alle da seid«, tat er mit seinem studiogebräunten Gesicht, als würde ihm auffallen, wenn jemand fehlte. Er atmete tief ein und breitete die Arme aus. »Unser Ziel heute ist die Befreiung vom Selbst.«

Die Kerzenanzünderin keuchte vor Glück und Ricky Müller faltete seine Hände ätherisch.

»Heute wollen wir uns in Achtsamkeit üben, um für die

geistigen, emotionalen und körperlichen Phänomene im gegenwärtigen Augenblick empfänglich zu sein.«

Ihre Schwester biss sich gottgeheilt auf die Unterlippe aus lauter Zustimmung. Ein Mann räusperte sich aus rein physiologischen Gründen und erntete vorwurfsvolle Blicke der anderen Seminarbesucher, bevor sie wieder ekstatisch lauschten. Rubi war bei dem Bolzenschussgerät und Milinskys traurigem Blick, den er aus den Ställen mitgebracht hatte.

Der Yogi fuhr fort und hatte (wegen der Dramaturgie) dabei die Augen zu: »Wir wollen das absichtslose Gewahrsein im Hier und Jetzt erreichen. Ohne dabei an Gedanken, Empfindungen oder Gefühlen zu haften.«

Endlich pupste jemand. Rubi dachte an ihre Käfer, die mit ihren starken Füßen an so manchem hafteten, nur nicht an Gedanken und Gefühlen. Also war es das, was sie wollten? Beim Meditieren sollte man gedankenfrei sein, den Kopf ausschalten. Die ganze Posse war aus primitivem Neid heraus geboren, dem Neid auf die unhinterfragte Identität und das immer artgemäße Verhalten der Bestie. Nichts anderes wollten die spirituellen Kunden hier, als ihr gedankenloses Stück animalischer Vollendung und Selbstverständlichkeit.

Blieb nur die Frage, wozu das Denken dann letztendlich gut war, wenn man gerade ohne welches die Erleuchtung erlangte. Rubi runzelte die Stirn und rechnete nach: Der Mensch minus das, was ihn ausmachte, war gleich mit den Tieren und damit übersinnlich erhellt (bei der Religion verhielt es sich genau umgekehrt, sie ward nur dazu erfunden, um zu unterwerfen – Mensch wie Tier). Rubi tat ganz konfessionsfrei der Steiß weh.

»Oooohhhmmm«, machte es der Yogi vor.

»Oohmm«, machten es die gerufenen Schäfchen nach.

Rubi blinzelte heimlich und sah sich um. Raffa war völlig in sich versunken, die Frau im Wickelrock guckte auf die Uhr und Thilo atmete bedeutsam durch die Nase, als sei er der erste Mensch, der langgezogene Vokale meisterte.

Nach zwei Stunden war ein Teilabschnitt des spirituellen Aufstiegs geschafft und Rubi war immer noch nicht schlauer als zuvor. Es gab eine Pause. Vor lauter Unwohlsein lächelte sie viel und beteuerte, dass sie das Seminar durchaus genoss. »Oh ja, sehr lehrreich.«

Die Gruppe bewegte sich in den Aufenthaltsraum mit noch mehr Bambus und gewöhnlichen Sitzgelegenheiten. Ricky zog sich in seine Gemächer zurück. Die Gerockwickelte verteilte eine Tasse heißes Wasser an jeden und holte dann die Schnittchen aus der Küche.

Raffa war schon wieder bei Iana und ihrem Gefecht und kaute abwesend auf ihrer Zunge.

»Hmm!«, rief das Paar, als die feinen Häppchen von Lachsfilet und Serrano-Schinken auf Reiscrackern verteilt wurden. In ihrer Maskerade gab es keine Brüche.

»Oh!«, begeisterte sich Thilo, der diesen Buchstaben wirklich exzellent beherrschte und rieb sich die Hände.

»Ah!«, freute sich jemand anderes und reckte schon seine Finger gen der Verköstigungen.

»Halt!«, schrie Rubi prompt und schlug der Yogi-Gehilfin das Tablett aus der Hand. »Esst nicht die Erleuchteten!«

Entsetzte Stille grätsche sich schroff durch den Raum. Die Frau mit Stirnband suchte Schutz in der Armbeuge ihres Mannes. Thilo und Raffa starrten sie mit offenem Mund an und sahen doch nicht weiter als bis zu ihrem fleischbeladenem Tellerrand.

Rubi schaute sich verwundert um und auf die Amuse-

Gueule, die jetzt auf dem Boden und auf den blanken Füßen der Trägerin lagen, die ein lautloses *Was?* mit ihren Lippen formte (sie hatte durchaus vorgehabt, ihr *appreciation prayer* vor dem Verzehr zu beten. Dass kein Tier in ihren Magensäften sich auch nur einen Deut um die Würdigung scherte, sollte ihr in keinem Moment die Laune verdunkeln. Ihr behagte die hausgemachte Absolution recht gut). Niemand konnte oder wollte zuerst sprechen.

Raffa brach in Tränen aus, das war Thilos Einsatz und er schnauzte: »Du bist doch irre!«

»Wieso tust du uns das an?«, schluchzte ihre Schwester und rannte zu den Toiletten. Ihr Schwager verschränkte die Arme und die Barfüßige schmähte sie: »Geh mit Gott, aber geh!«

Verstimmt lief Rubi durch den Park nach Hause. Es war doch hanebüchen, wenn die ihre Erleuchteten aßen, während sie versuchten, sich selbst zu illuminieren. Sie trat nach einem Stein, den sie ungeschickt verfehlte.

Sie spazierte unter den Kastanien und bemerkte, dass die Insekten wieder schwärmten. Mücken, Fliegen und Käfer, die man in den letzten Monaten nicht zu Gesicht bekommen hatte, erkämpften sich die Lüfte zurück. Sie schlenderte weiter und sah den kleinen, gefiederten Körper unter einem Baum. Rubi hob den Vogel auf. Ein Eichelhäher, der bis auf seinen Tod komplett unversehrt war. Der steife Kerl wog nichts, er war ganz frisch gestorben, noch nicht mal die Augen waren angenagt. Behutsam strich sie über die blauschwarz gestreiften Federn an der Armdecke und drückte dann ihre Fingerkuppe höflich prüfend gegen den kräftigen Schnabel.

Der Rabenvogel würde es auch nicht mehr nach Pala schaffen. Ihr war es, als riefe er ein letztes *Karuna*, nur dass es niemand hörte (das war nicht verwunderlich. Sie hatten die Schotten dicht gemacht und ihre Ohren mit Wachs versiegelt. Das war die dritte Nachricht, die die Menschheit in ihrem Zentrismus erschütterte; es konnte doch keiner mehr hören. Erst ist die Erde keine Scheibe mehr, plötzlich dreht sich der ganze Kladderadatsch um die Sonne, und jetzt auch noch das. Sie würden den Planeten verlieren und waren selbst schuld daran. Das verbannte sie nicht nur aus dem Mittelpunkt, sondern hatte diesmal Konsequenzen, die alles andere als himmlisch waren. Wer zog sich so was schon gerne rein?).

Sie schob den Schönen in ihre Manteltasche, dabei bedacht, nicht sein Gefieder durcheinander zu bringen und spazierte weiter mit den Kerbtieren. Das Zen war ein Tier.

*

Die exzentrische Anatomie seines Daseins, mit den typischen Selbstfindungsstörungen und Identitätskrisen, schleifte den Menschen auch gerne mal zum Tiefpunkt. In unweiter Ferne plagte sich Rubi ab.

Weder vom Seminar noch vom Schlachthof erzählte sie ihm, es schien ihr doch zu privat, um es mit dem Therapeuten zu teilen. Sie ging vor der Fensterfront auf und ab, steckte sich die Hände in die Hosentaschen und zog sie wieder raus. Dr. Prizrak saß auf seinem Stuhl, verfolgte sie mit seinem analytischen Blick und schrieb.

Seit sie sich Ianas DVDs angeschaut hatte, wälzten sich im Wechsel Horrorvisionen und blauäugige Luftschlösser der Zukunft durch ihre Psyche. Drei Schritte nach links, und sie beratschlagte die Möglichkeiten mit sich selbst.

»Wenn wir jetzt handeln, dann gibt es noch eine Chance.«

»Hm, hm«, formulierte er und schlug das Buch zu.

Im fortdauernden paradoxen Panorama ihrer mentalen Zeitreise verschob sie die Parameter und kam schnell zu einem anders gearteten Ergebnis. »Aber es tut ja keiner was.«

Drei Schritte nach rechts, Notizblock auf.

»Was sollen sie denn tun?«

»Die Erde nicht zerstören!«

Das war viel einfacher als gedacht, nur betrüblicherweise unbequem.

»Sie meinen also, wir sollten gemeinsam versuchen die Erde zu retten«, begann der graue Therapeut den Versuch einer Zusammenfassung.

Rubi blieb stehen und wollte ihn mit okularer Achtung strafen. Da er mit halbem Rücken zu ihr saß, schlug das fehl und sie probierte wenigstens sein bleifarbenes Jackett mit ihrem Starren zu durchlöchern.

»Pffft«, machte sie. »Das wäre ja wohl ein bisschen viel verlangt.«

Sie drehte um und schritt zum gegenüberliegenden Ende des Raums.

»Die Erde braucht auch gar keine Rettung. Stellen Sie uns mal nicht auf so ein Podest«, und sie dachte an abgebrannte Urwälder, denen niemand zu Hilfe eilen bräuchte, wenn sie doch nur in Frieden gelassen worden wären.

Dr. Prizrak schrieb, Rubi schritt.

»Hier, die Liste«, brannte es ihr unter den Nägeln, den nächsten Punkt aus dem Weg zu räumen, und sie drückte ihm den Wisch vor die Nase, als erwarte sie eine Belohnung.

»*Wir sind die lebenden Gräber getöteter Tiere*«, las er seelenlos vom Blatt.

Solche Vorwürfe, die sie sich seit Neuestem für den Großteil ihres Lebens machte, geißelten ihren Geist, von dem sie aktuell sowieso schon wenig hielt (auch in der erinnerten Vergangenheit konnte man so einige Parameter umstellen).

»Tiere sind eh viel besser!«, machte sie weiter, »die können sich getrost ihren Instinkten überlassen.«

Rubi schritt, er schrieb.

»Und wir Idioten? Wir müssen unsere Entwicklung selbst in die Hand nehmen. Wir wissen ja noch nicht mal von alleine, was wir essen können oder wie man sich sozial verhält. Den ganzen Quatsch müssen wir lernen und kultivieren ... Schade Menschheit. Setzen, sechs.«

Sie strich sich mit der Hand übers Gesicht, um all den Wahnsinn fortzuwischen. »Selbstreflexion, Antizipation, Konzeption. Das ist alles nix.«

»Also Sie finden diese mentale Kompetenz störend?«, fragte er Rubi nach ihrer Bewertung der menschlichen Selbststeuerung des Schicksals.

»Ich empfinde die mentale Inkompetenz als zerstörend!«

Sie stellte sich ans Fenster und guckte in den Garten.

»Es ist doch so, der Mensch hat den Verstand, aber es ist ein primitiv egoistischer und damit zählt er nicht. Er nutzt sich nicht, er benutzt nur. Er ist unbrauchbar wie ein halbes Rad, mit dem es auch kein Vorankommen gibt.«

Rubi nahm Kurs auf die Südwand.

»Er begreift seine eigene drastische Zerstörungswut nicht und passt sein Handeln und Wissen nicht dem bevorstehenden Untergang an. Wir laufen mit Anlauf ins offene Messer des Massenaussterbens, unseres Aussterbens! Das zu meistern, das wäre 'ne Stufe besser als Feuermachen und sich über die lustig tanzenden Schatten zu freuen.«

»Hm«, er notierte.

»Bis dahin ist dieser viel beschworene Verstand so ignorant wie ein Schwarm Heuschrecken, der sich am Ende selbst auffrisst.«

»Ja«, er hatte zugehört und klappte sein Büchlein zu.

»Solange die Auffassungsgabe nicht genutzt wird, ist es irrelevant, dass wir sie haben. Einerlei. So egal wie wasserspeichernde Höcker auf einer Flussforelle.«

»Ich hab's jetzt«, wollte sich der Doktor nicht alle Intelligenz absprechen lassen (dass dies seine erste humanoide Äußerung ihr gegenüber war, gab zu denken. Und schon wusste man wieder nicht, wer das Gegrübel nun übernehmen sollte), und nichts änderte sich.

»Was sagt denn Ihre Schwester dazu?«

Extremismus hatte Raffaela es verurteilend genannt. Rubi aber wollte ja das Problem an der Wurzel packen, es war doch aberwitzig, nicht radikal zu handeln.

Sie stemmte die Hände in die Hüften und blieb hinter seinem Stuhl stehen.

»Sie kennen sich doch mit Menschen aus. Sagen Sie es mir! Wie kriegt man die bewegt?«, drangsalierte sie Dr. Prizrak, den Verlust rückgängig zu machen.

Was sollte er dazu schon sagen? Seine Aufgabe war es, Lösungen zu finden, die schlechterdings im Klienten lagen. Professioniert schaute er auf seine Armbanduhr.

»Machen wir nächste Woche weiter.«

4

Alle Schätze aus ihrem Setzkasten waren in gebührendem Abstand zueinander auf dem Pult ausgebreitet; die Löwenmäulchensamen, die Drachenfigur und der Goliathkäfer, der wie ein Juwel in der Butterbrotdose auf Küchenpapier aufgebahrt lag. Sie musste alles neu sortieren, wenn der Eichelhäher Platz finden sollte. Rubi stand vor ihren Errungenschaften und dem leeren Schrein und wusste nicht wie. Es wollte nicht passen.

Sie setzte Kaffee und eine tapfere Miene auf. Sie hatte bei Raffa angerufen, aber Thilo hatte abgehoben und *Hallo? ... Hallo!* in den Hörer gedröhnt. So hatte sie kurz ihre Feigheit in den Äther geatmet und wieder aufgelegt. Sie hatte Kopfschmerzen und schaltete das Telefon aus. Wenn sie den Rosenquarz in ein Fach mit dem Fossil stellen würde, dann würde es vielleicht gehen.

Sie kratzte sich an der Schläfe und holte den toten Vogel aus dem Eisfach. Es war lange her, dass sie einen Warmblüter ausgestopft hatte und sie schob die Aufgabe vor sich her. Sie hielt den gefrorenen Körper vor verschiedene Kästchen, versuchte es schräg und sogar seitlich – es half nichts, der Eichelhäher war zu groß. Am Ende würde sie ihn obendrauf setzen müssen und das gefiel ihr nicht.

Es gefiel ihr auch nicht, dass Iana ihr gesagt hatte, im Moment stünde nichts an. Und Rubi war zu schüchtern gewesen, um nach einer normalen Verabredung, ganz ohne revolutionäre Ambitionen, zu fragen. In ihren Träumen, die sie Tag und Nacht heimsuchten, fieberte sie von weltverbessernden Manövern und davon, gebraucht zu werden. Aber die Vorstellung, dass sie und Iana nichts anderes verbinden sollte, saß ihr wie ein zusätzlicher Stein im Magen.

Es war zum Mäusemelken, in ihrer Fantasie lag alle Freiheit und genau das machte es zur Marter. Das ständige Versuchen und Scheitern war ein niederschmetterndes Zeugnis der Unfähigkeit; der Welt, der Gesellschaft und Rubis. Und im Radio sagten sie mit nasaler Stimme, dass es nicht genug regnete. Sie dehnte ihren steifen Nacken und der Vogel wanderte zurück in die eisige Gruft mit Energieklasse B. Noch lustloser als gewöhnlich machte sie sich auf den Weg zur Arbeit.

Sie fuhr auf dem Rad durch die grauen Häuserschluchten, vorbei an tausenden Tonnen Sand, die zu Betonwüsten gepresst worden waren und den Himmel stahlen. Die Tram donnerte wie eine betrunkene Riesenraupe gen Haltestelle, die Ampeln blinkten elektrisch dazu. Rubi war inhaftiert in Lärm und die verputzten Mauern der Stadt, die vor lauter Bürgern das Leben verdrängte. Eine maßlose Tristesse kletterte ihr ins Gebein und machte die Kilometer zum Museum zu einem nie enden wollenden Bittgang (wenn etwas in ein schwarzes Loch fiel, zog es sich dabei in die Länge. *Spaghettifikation* nannten die Astrophysiker das Phänomen nicht ohne Witz. Stadtdepression nannten es die weniger humoristischen Ortsansässigen).

Rubi stellte sich all die Menschen vor, die hinter diesen Wänden funktionierten und auf der anderen Seite lachten und glücklich waren. Was hier wohl mal für ein Wald gestanden hatte, fragte sich der arme Tropf. Und mit welchen Tieren drin? (Man konnte den wonnigen Mietern daraus keinen Vorwurf machen, es traf sie keine Schuld. Die setzte Bewusstsein voraus, an dem es unbedingt mangelte. Aus der Perspektive des verdrängten Mischwaldes wiederum waren sie nichts als eine Naturkatastrophe, heimtückische Gottheiten im Bestfall.) Rubi mauerte vor dem überlebten Sujet. Doch es stellte sich von selbst, ganz ohne Rubis Mut, die Frage um das Menschsein. Irgendwie musste diese ganze Sterblichkeit ja zu nehmen sein.

»Hallo Frank«, sagte sie und drückte sich unaufgefordert in seine Arme.

»Na Kleine, was ist denn los?«, fragte er, als sie sich wieder aus der eckigen Umarmung löste, in der nicht zu finden war, was Rubi gesucht hatte.

»Es regnet zu wenig, haben sie gesagt«, antwortete sie, als hätte es nichts mit seiner Frage zu tun.

Frank setzte sich an seinen unordentlichen Schreibtisch und legte die Füße hoch.

»Also von mir aus kann das so bleiben«, versicherte er und strich träge über seinen Backenbart. »Oder soll ich jetzt 'nen Regentanz aufführen?«

Da wusste sie auch nicht mehr, was sie sagen sollte und hängte ihren Mantel auf.

»Ja, so soll es bleiben ...«, riss sie sich zusammen.

Frank machte heute früher Feierabend (es war großes Turnier im Firebowl) und erklärte ihr beim Rausgehen noch mal, dass es nicht gut wäre, sich hier die Nächte um die Ohren zu schlagen, sie gerate völlig aus dem Rhythmus. Rubi stimmte ihm stumpf zu. Er mochte es nicht, wenn man seine gute Laune mit schlechter belästigte.

Frank warf sich den Schal um. »Wo ist denn jetzt eigentlich das Terrarium?«

Rubis Blick war an der Schrankwand gegenüber verloren gegangen, es riss wirklich niemanden mit, was mit der Welt geschah.

»Hm? Was?«

»Auch egal«, fasste Frank die Ignoranz noch mal kurz für Rubi zusammen und ließ sie mit ihrer verschwommenen Schrankwand allein.

Heribert Plötz stand am Automaten und kämpfte mit seinem Kleingeld. Das Zwei-Euro-Stück fiel immer wieder durch die Apparatur hindurch.

»Na komm. So, jetzt wird das was«, feuerte er die Münze an und rieb sie dabei an dem Kasten.

Er warf sie in den Schlitz ein und es rappelte einen halben Meter weiter unten im Gerät.

»Mist. Wieder nix.«

»Warte«, rief Rubi und kramte beim Durchschreiten des Flurs Geld aus der Tasche.

Der Nachtwächter strahlte.

»Was möchtest du denn?«

»Cappuccino, bitte«, ersuchte Heribert sie passioniert und steckte sein Münzgeld in die Hosentasche.

Die wenigen Silben seines freundlichen Baritons begruben Rubi unter einer Woge des Trübsals. Nun sollte sie also der Melkerei klimpernd ihre Zustimmung geben. Sie wusste nicht, was sie tun sollte und warum der schwarze Peter überhaupt bei ihr lag. Es war ungerecht, so ungerecht, dass sie sich nicht erwehren konnte und wie ein trockener Grashalm einknickte.

Sie zog ihm seinen Cappuccino und einen Kaffee für sich, schwarz und bitter.

Heribert freute sich goldig mit roten Backen und tunkte seinen Bart in den Schaum aus pasteurisiertem, bovinem Laktationssekret.

»Ist das Auto deiner Schwester wieder da?«

»Ja.«

Rubi wollte ihm gern etwas von ihrem Schmerz abgeben, das wäre nur fair. Er war ja außerdem ein so netter Mann, vielleicht verstand er es sogar.

»Heribert?«, leitete Rubi vorsichtig ein.

»Guck mal«, sagte Heribert gleichzeitig und holte sein Handy aus der Tasche.

Rubi guckte und Heribert fragte: »Ja?«

Auf dem Foto mit dem Nachtwärter als stolzem Grillmeister auf der Gartenparty fand Rubi all die falschen Antworten, die sie nicht hören wollte und presste heraus: »Nichts.«

Der Fleischwendebegabte blickte sie leicht besorgt an.

Das Innere war doch schon eine einzige Bredouille, warum sie ihr Sein mit der eitlen Vernichtung der Außenwelt noch ungenießbarer gestalten mussten, wollte Rubi nicht mehr in dem Kopf. Sie zwang sich, ihm ins Gesicht zu gucken.

»Es regnet nicht genug.«

»Haha, du bist ja witzig. Es regnet nicht genug! In China haben sie schon wieder Hochwasser.«

Und damit war alles gesagt.

Das misslaunige Klackern der Stilettos auf dem Linoleumboden kündigte die Ankunft der Schmeckmeier bereits aus der Ferne an und beendete Rubis selbstkasteiende Versenkung. Sobald sie in Sichtweite war, befahl die Stöckelnde: »Kommen Sie! Die letzten Amphibien sind eingetroffen.«

Heribert und Rubi tauschten einen schnellen Blick und kamen mit.

Im Büro packten sie den Lurch und einen Frosch von der Morgenpost aus dem Karton (es war eine aufregende Zeit für die balsamierten Hautatmer, nachdem der Sportredakteur sie zum hauseigenen Running Gag erkoren hatte und sie – von albernem Kichern begleitet – vom Kühlschrank, auf den Schreibtisch der Annoncenabteilung, in den Postwagen und in die Sporttasche der Layouterin gewandert waren. Er hätte die Maskottchen zu gern behalten, aber der sauertöpfische Stoffel vom Feuilleton hatte sie eingetütet und weggeschickt). Die polystyrolen Füllflocken kullerten über den majestätischen Mahagonitisch und auf den Boden. Angeekelt hielt die Chefsekretärin das Glas von sich weg: »Was für ein hässliches Ding.«

Der Nachtwächter zerknautschte eine hellgrüne Schaumstoffflocke zwischen Zeigefinger und Daumen. Rubi guckte wie ein Dorsch, nur nicht so schnell.

»Los! Stellen Sie es auf«, orderte die Schmeckmeier und kontrollierte: »Und Sie? Müssten Sie nicht am Empfang sitzen?«

Heribert zuckte mit den Schultern, nahm sich eine Handvoll Füllmaterial und empfahl sich. Rubi nahm die Exponate an sich und ging zum Ausstellungsraum.

Sie rückte die in Glas gefassten Amphibien zurecht. Und sie seufzte. Der Einbruch lag schon so lange zurück, sie würde bald anfangen, kostbare Details dieser zauberhaften Nacht zu vergessen. Der Feuersalamander glotzte sie hohl an, wusste er doch von gar nichts mehr.

Die Schmeckmeier und Peter patrouillierten an ihr vorbei. Der Vorgesetzte ließ es sich nicht nehmen, ihr etwas über Lurche zu erklären, das Rubi schon lange wusste. Seine Begleitung kam sich bei der Fachsimpelei doof vor und stolzierte lieber intellektuell schmatzend weiter durch die Räumlichkeiten. Peter behauptete, dass der Salamander vorher auf dem oberen Brett in der Vitrine gestanden hatte und die Schmeckmeier kreischte vom anderen Ende des Raums: »Um Himmelswillen! Rubi!«

Rubi eilte und Peter folgte.

Mit ihrem gestreckten Finger zeigte die Schmeckmeier auf das, was sie verpönte.

»Was ist denn mit diesem Präparat? Es ist ja ganz verkümmert!«, und meinte damit den zwergenhaften Goliath mit zu kurzen Beinen.

Rubi guckte in ihre erzürnte Visage und prustete durch die Nase. Die Schmeckmeier blickte daraufhin vernagelt drein. Rubi lachte lauthals drauflos und hielt sich ungeniert den Bauch dabei. Peter untersuchte derweil den Goliath genau mit seinen vorstehenden Augen und stammelte: »Wie kann das sein? ... das kann doch nicht sein ...«

Rubi wischte sich eine Träne aus dem Augenwinkel und atmete unter den Kontraktionen ihres Zwerchfells aus. Ihr Puls ging schnell und das Herz klopfte ihr bis in den Hals. Sie verrieb noch eine Träne mit ihrem Handrücken und dann den kalten Schweiß von ihrer Stirn. Sie rang mit sich, versuchte ihre Verzweiflung an der Menschheit zu packen und zu würgen, doch es rutschte ihr alles durch die verschwitzten Finger. Rubi wurde schwindelig und sie sank malade auf die Knie. Sie hatte vergessen, sich um ihre Rosenkäfer zu kümmern und brach bibbernd in Tränen aus.

Peter war komplett überfordert und tat nichts. Rubi heulte, zog die Beine an und ließ sich über den Boden rollen. Die Schmeckmeier rief eine gesellschaftlich indoktrinierte mütterliche Geste ab und tätschelte ihr mit längs gedehntem Arm die Schulter (im Yoga hätte wohl die Bezeichnung *Pfannenwenderpose* Einzug finden können, wenn es dort einen Bedarf nach dieser Bewegung gegeben hätte, was nicht der Fall war): »Ach Kindchen.«

Ihre Pantomime des Mitgefühls war so unterkühlt und entartet, dass Rubi sich selbst wie ein Präparat vorkam.

*

Der Eichelhäher lag auf einem Teller mit Blumendekor und taute ab. Er wurde ganz weich in seinem Saft und die Federn wirkten verklebter als zuvor. Zwei Tage lang lag Rubi im Bett, tat sich selber leid und schaffte es nicht, sich aufzuraffen. Die Sonne sagte immer wieder mal *Hallo* und schüttete sich durch ihr Fenster. Nur um die Käfer kümmerte sie sich, die Lektion hatte sie gelernt. Das Staublametta hing weiterhin über ihr, das Damoklesschwert der Nestbeschmutzer. Sie ernährte sich von Erdnussflips und Dosenmais. Zu mehr reichte es nicht. Das Nebelkrähenpaar saß lebendig auf dem Sims und das warme Licht des Nachmittags spiegelte, brach und leuchtete in Rubis Wasserglas. Ein grelles Kaleidoskop, das nicht zu ihrer verfallenen Haltung passen wollte.

Sie hatte das Telefon seit sieben Minuten in der Hand und tat nichts. Mit müden Fingern wählte sie die Nummer und machte weiter nichts. Dann drückte sie mit letzter Kraft den grünen Hörer auf dem Display und rief Iana an. Das Tuten in der Leitung war unaushaltbar, mit jedem eintönigen Dudeln pumpte sich ein weiteres Rinnsal ihrer Energie ab.

»Hallo?«

Rubi hatte keine Zeit zu verlieren: »Wollen wir uns treffen?«

»Ich bin in Athen«, bröckelte Ianas Stimme durch allerlei Hintergrundgeräusche.

»Ach so«, nahm Rubi die Niederlage hin.

»Ich bin nächste Woche wieder da.«

»... okay«, duckte sich die Vertagte noch etwas mehr.

Es ratterte in der Leitung. »Alles okay bei dir?«

»Ja.« Rubi wollte gar nicht lügen. »Nein.«

»Was ist denn? Ich versteh dich so schlecht«, stieß Iana zwischen dem Lärm hervor.

»Ich weiß nichts mit mir anzufangen«, gestand Rubi.

»Was?«, rief Iana in den Hörer und dann zu ihrer Umgebung, »seid doch mal kurz ruhig.«

Sie war wieder da und fragte fuchsig: »Dir ist langweilig?«

»Ja«, log sie jetzt doch.

»Dann geh doch in den Forst. Da gibt's immer was zu tun«, schlug Iana beiläufig vor und meinte zu Besuch. Dann redete sie schon wieder mit jemandem in Griechenland.

»Meinst du?«, liebkoste Rubi die aufkeimende Chance und verstand, sie solle dort hinziehen.

»Logisch«, wimmelte Iana, die gerade besseres zu tun hatte, sie ab. »Ich muss jetzt Schluss machen.«

Rubi ließ sich begeistert krankschreiben (es war nicht einfach, ihren vorfreudigen Übermut vor ihrem alten Hausarzt, der Antibiotika wie Bonbons verteilte, zu verbergen. Doch mit Hilfe von einem Hauch schauspielerischen Talents ihrerseits und generellem Desinteresse an der Psychologie seinerseits, war der Streich geglückt). Peter war nur zu froh, das Elend aus den Augen zu haben und die Schmeckmeier konnte nach ihrer edlen Tröstung sowieso etwas professionelle Distanz zu der labilen Mitarbeiterin gebrauchen.

Am nächsten Morgen also stand Rubi mit Sack und Pack im Wald. Die Vögel sangen erquicklich, die Knospen sprossen eifrig, der Wind pfiff zwischen den Blättern eine sanfte Melodie und die Waldbesetzer guckten sie an, als hätte sie einen saftigen Popel an der Nase.

»Was machst du denn hier?«, fragte Eliza und ließ die Gurken fallen.

Pine hatte wieder Kleopatra-Augen und gab ihr einen kleinen Kuss auf die Wange. Die anderen schauten sie bloß an. Rubi war konfus von den vielen Gesichtern, die sie nicht kannte, und ganz pikiert, dass ihr Idyll es gewagt hatte, sich zu verändern. Ihr Kinn machte sich selbständig und zitterte passend zum Laub im Hintergrund.

»Ich … ich«, machte sich Rubi bereit, gegen eine weitere Wand zu rennen.

Mario kratzte sich am Hinterkopf. »Tee?«

»Ja gerne!«, lächelte sie erleichtert und der Ziegenbärtige stand von seiner Plane auf: »Ich mach schon.«

Die Panikattacke war abgewehrt. Sie setzten sich auf die muffige Couch, schwatzten und das lange Gras streichelte ihre Beine. Rubi erzählte ihnen nicht, wie es ihr ging, wohl aber, dass sie überlegte eine Weile hier zu bleiben und strich sich unentwegt die Haare hinters Ohr.

»Wo?«, fragte Eliza und sah einem Eichhörnchen nach, das die dicke Eiche hochwetzte. Ihr Gemüse hatte sie längst vergessen.

»Hier im Wald«, gestand Rubi schwachherzig.

Das Eichhörnchen verschwand in der Krone und Eliza ließ den Blick nicht ab. »Ah ja.«

Pine machte es sich gemütlich und legte den Kopf auf Ianas Schoß. »In meiner Hütte ist Platz für zwei.«

Rubi fühlte Pines Offerte wie eine frische Brise, die mit dem Laken auf der Leine tanzt.

Am Abend tagte das Plenum. Rubi saß gespannt wie ein Flitzebogen dabei (*Wer ist die?*, ranzte es aus der hinteren Reihe in unhöflicher Abwehr. Nach Conchitas pampiger Erinnerung war es dann gebongt. *Ach so, Krötentrulla!*) und wurde samt dickem Kloß im Hals einstimmig in den Forst geladen. Sie pfiff aus allen Löchern nach all dem Bangen, doch jetzt hätte sie glücklich dazu singen können.

Sie richtete sich auf Pines sieben unebenen Quadratmetern ein. Die brachte ihr zum Einstand noch eine extra dicke Decke in ihren Horst, denn die Nächte wollten noch nicht vom Winter Abschied nehmen.

Die Tage vergingen wie im Flug. Ein Wespennest wurde unter größter Obacht aller Beteiligten umgezogen, sie konnte Conchita dabei helfen, die Regenplane ihres Baumhauses zu verstärken und Mario ließ sie in der Außenküche Gemüse schnippeln, wie es ihr passte. Rubi sichtete ihre erste lebendige Heckenbraunelle und überhaupt war alles famos. Einzig war es ihr furchtbar peinlich gewesen, danach zu fragen, wo das Klo war. Es war evident, dass sie bei ihrem vorherigen Besuch einfach ins Gebüsch gepinkelt hatte. Terrie brach fast unter seinem schadenfrohen Gelächter über ihre sittliche Scham zusammen und klopfte ihr dann mit rotem Kopf auf den Rücken.

Rubi gelang es, sich gegen ihren Gram aufzubäumen, nur stillstehen durfte sie dabei nicht. Sie suchte nach immer neuen Aufgaben und Ablenkungen, denn wenn sie nichts tat, dann verwirkte ihr Heil und sie war wieder nur ein Gast und der Forst vergänglich. Die kleine Baumschule war mit farbigen Bändern abgesteckt und die Laufwege der

Mäuse und Ameisen verrieten, dass sich nicht jeder um Begrenzungen scherte. Mit einem Grashalm im Mundwinkel saß Milinsky auf einem umgestürzten Baumstamm und sinnierte vor sich hin. Rubi setzte sich zu ihm und seufzte wohlig, weil das sicher ein tadelloser Eisbrecher war. Der Bulgare kaute unverändert auf seinem Halm. Sie blinzelte in die Sonne und schob ihre Hände auf den Oberschenkeln vor und zurück. Milinsky warf ihr einen Blick zu, der ihr wohl geheißen sollte, sie atme zu viel, stand auf und ging. Rubi hingegen presste die Lippen zusammen, als könne sie damit gleich auch ihre Schmach komprimieren. Und weil die Heckenbraunelle ungezügelt tirilierte, war auch das nur halb so wild.

Das zusammengewürfelte Geschirr tropfte im dafür vorgesehenen Einkaufswagen neben dem Haselstrauch ab und Rubi klettere auf ihren Baum. Auf dem unbedachten Teil des Bretterkonstrukts lag Pine und ließ sich die Nasenspitze von der Sonne küssen.

»Na?«, piepste sie und räkelte sich, bis ihr Bauch unter dem T-Shirt hervorblitzte.

Rubi setzte sich neben sie, immer noch wackelig auf den Beinen in der Höhe.

»Mir ist langweilig.«

Pine pulte mit ihrem Finger im Bauchnabel. »Das ist doch gut.« Sie nahm Rubis Hand in ihre.

»Was ist denn daran gut?«

»Das ist Leben. Alles andere ist Sterben oder der Versuch dagegen anzukommen«, attestierte die Schönäugige und zwinkerte ihr mit ebendiesen zu.

Rubi legte sich lernbegierig neben sie und guckte andachtsvoll an den Blättern vorbei in den makellosen Himmel.

»Prokrastination ist, wenn wir uns vormachen, unsterblich zu sein. Is' doch geil«, führte Pine aus, und so taten sie beide nichts, bis sie sich im Eldorado glaubten.

Dann zog es auch Iana wieder in den Wald und sie war damit nicht allein. Es galt, für den Aufstand zu proben. Die Polizei hatte sich erneut angekündigt und diesmal war die Sache heikel. Der umstürzlerische Trupp sammelte sich also nach und nach im Gehölz und der Forst wurde mit jedem Tag forscher.

Schnell waren zwei neuerliche Baumhäuser gebaut, ein Regal für die Motorradhelme errichtet und Steine auf den silvaten Barrikaden gesammelt. Man stand mit den Vögeln auf und ging mit der Sonne ins Bett, es klang die Ukulele und wenn die Kinder kamen, dann tanzte Milinsky mit seinen kurzen, etwas krummen Beinen wie toll mit ihnen, als hätte er vergessen, was für ein Miesepeter er war.

Die Vollversammlung tagte. Das Gewimmel fand sich an der dicken Eiche ein. Mario reichte Plätzchen herum, die Hälfte rauchte. Es war, als müsse sich jeder etwas in den Mund stecken, um schnell ein paar Urtriebe zu befriedigen. Der Anwalt sortierte seinen Papierkram und justierte die Lesebrille auf der gerümpften Nase: »So. Es ist mal wieder so weit: Räumungsklage.«

Die Zuhörerschaft stöhnte entnervt. Dann las er den Schrieb grimassenschneidend vor.

»Schon am Montag?«, fragte Max am Ende der Verlesung.

Rubis Blick huschte hin und her und suchte nach etwas, das ihr orakeln würde, was ihnen bevorstand.

Der Ziegenbärtige schalt: »Da wollte ich zum Qi Gong.«

Er nahm zum Trost noch ein Plätzchen.

Der schöne Wald, jammerte es in Rubi.

»Bullenschweine«, hielt Milinsky für die Geschichtsschreibung fest.

Rubi fragte sich, wie sie auf den Angriff mit Ansage reagieren würden.

»Das wird kein Zuckerschlecken, Kinder«, wusste der Jurist.

»Wir brauchen mehr Leute!«, rief es von links und Rubi zuckte zusammen.

Iana war zuversichtlich: »Die vom Wagenplatz kommen bestimmt.«

»Ratten-Mandy?«, fragte Pine versonnen.

Ein weiterer Einwurf: »Haben wir noch genügend Zelte?«

Die Keksdose war wieder bei Mario angelangt und so sagte er unverdrossen: »Ich kann auch noch ein paar zusammentrommeln.«

Milinsky nickte.

Conchita sprang energisch auf und trat Max dabei auf den Fuß.

»Der untere war meiner«, maunzte er.

»Keinen Fußbreit den Faschisten!«, lachte sie aus ihrem Puppenkopf und zog ihn hoch.

Aufbruchsstimmung schwappte durch die Menge und riss sie alle mit. Es war Zeit, ihr Paradies zu verteidigen. In der Konfrontation konnten sie dartun, wie ernst es ihnen damit war. Der Advocatus Diaboli nahm sich noch einen Keks und guckte Pine verliebt an, die wie ein nasser Sack an Eliza lehnte.

*

Am Sonntagnachmittag herrschte reger Betrieb im Wald. Hunderte Leute wuselten zwischen den Bäumen und dem improvisierten Zeltlager umher, andere stapelten sich wie die Sardinen in den Wipfelhütten. Die Gaskocher zischten, Transparente wurden gemalt und in Position gebracht. Rubi war froh, jemandem erklären zu können, wo man aufs Klo ging. Pine stürzte sich auf Ratten-Mandy, die ausnahmsweise ohne Ernesto unterwegs war, der Beef mit der Polente war nicht seiner. Gelächter schallte durch den Forst, der ihnen Baum um Baum Spalier stand, und die Maischen und Fliegen schwirrten aufgeregt dazwischen umher. In großen Töpfen kochte die Suppe und aus dem Ghettoblaster rieselte Musik. Milinsky stand an seinem Baum und bedachte das Treiben insgeheim wohlwollend. Iana beratschlagte mit dem Anwalt über einer Akte und zwinkerte Rubi zu, die Banner beschriftete.

Rubi guckte auf ihre Armbanduhr. »Ich muss mal kurz weg«, und drückte Max ihren Pinsel in die Hand.

Fast rannte sie die drei Kilometer zur Bushaltestelle. Endlich würde auch sie ihren Teil beisteuern. Sie gehörte richtig dazu, mobilisierte jetzt auch. Sie brauchten mehr Leute und sie hatte sich darum gekümmert. Rubi hatte es sich was kosten lassen.

Der Bus hielt stöhnend am Waldesrand. Aus der Tür stiegen Raffa und Thilo in ihrer farbenprächtigen Funktionskleidung.

»Hallo Rubi«, grüßte Thilo förmlich und zog den wasserdichten Reißverschluss seiner Gortexjacke höher.

Raffaela schaffte es nicht, an sich zu halten und umarmte ihre Schwester nachsichtig.

»Hi«, sagte die und zippelte ihre Klamottenlagen zurecht.

Raffa sah über ihre modischen Fehlgriffe hinweg: »Es ist schön, dass du dich gemeldet hast.«

»Auf einer Wanderung lässt sich gut reden«, drohte Thilo. »Da sind Körper und Geist im *flow*. Hast du die Route geplant?«

»Ähm ja, so ähnlich.«

Ein Auto brauste die Straße entlang und kam mit quietschenden Reifen hinter ihnen zum Stehen. Cody stieg Kaugummi kauend aus, sah sich die Bewaldung an, näherte sich mit breitem Schritt und gab Rubi einen Kuss auf die Wange. Lässig schwang er herum. »Und wer sind die?«

Das Paar steckte stumm in ihrer Hikingmontur fest.

»Wird das 'n Vierer? Hab mich eh schon gewundert, dass wir uns in der Pampa treffen«, kaute er weiter.

Raffa war entsetzt: »Wie bitte?!«

»Und wer sind Sie?«, verlangte Thilo zu wissen, während seine Mundwinkel sich engagiert nach unten dehnten. Da es Cody schon sauer genug aufstieg, dass Rubi nicht mehr seine einfachste Klientin war, hatte er nichts übrig für weitere Anforderungen an seine werte Person. Cody würde den Lackaffen schon von seinem Pavianhügel vertreiben.

»Wir können uns auch duzen«, schlug er ihm also etwas weniger Anstand vor (das Konzept Siezen war kompliziert. Thilo bediente sich der Höflichkeitsform und forderte sie auch ein – aus Gründen des Respekts. Kinder siezen sich selten untereinander, weil sie diese Distanz nicht brauchen. Sie sind ja sie selber. Es ist also zu vermuten, dass die Erwachsenen aus Angst siezen, weil sie doch wissen, dass sie sich alle nur etwas vormachen. Wenn man sich gut kennt, duzen sich auch die Großen, aber sie haben ja hoffentlich nicht weniger Respekt dadurch. Die förmliche Anrede ist ein Zeichen, dass man sich nicht traut. In unserem speziellen Fall war das von Cody eingebrachte Duzen wohl trotzdem eher als eine potentielle Einladung zu einer Rauferei zu verstehen – für die es ja nun auch weniger Distanz brauchte).

»Ich bin Rubis Stecher«, fügte er hinzu und schmatzte mit dem Kaugummi.

»Er macht nur Spaß«, versprach Rubi und warf ihm einen warnenden Blick zu, »das ist mein Kumpel Cody.«

Etwas wie ein Lächeln versuchte sich schrill auf ihren blutleeren Wangen. »Und das sind meine Schwester Raffaela und ihr Mann Thilo.«

»Hallo«, kaute Cody und sein Blick wanderte überdeutlich wertend über ihre Ausstattung.

»Hallo«, murrte Thilo.

Raffaela war im Schock: »Was soll das? Was macht der hier?«

»Ich kann euch hören«, teilte Cody mit und grinste wie ein Kübel Eis.

Rubi wappnete sich und gestand den dreien: »Also, es geht gar nicht um ’ne Wanderung oder eine ... ähm ... Verabredung.«

Sie hatte ihre Aufmerksamkeit.

»Ihr müsst uns helfen, den Wald zu schützen!«

»Hä?«, kam es halb aus Codys ideal geschwungener Nase.

Thilo verdrehte Augen. »Jetzt geht das wieder los.«

Rubi funkelte Thilo an: »Ich dachte, der Wald ist so gut für den *flow*.«

Raffa und er waren im Partnerlook paralysiert.

»Cody?«, bat sie ihn.

Er spuckte den Kaugummi auf den Boden. »Mir egal, ist deine Kohle. Der Kunde ist König.«

Aus der Kehle der Schwester entschwand ein verwirrtes Wimmern.

Rubi ergriff Raffas Hände und plärrte: »Guckt's euch doch wenigstens mal an. Der nächste Bus kommt eh erst in drei Stunden.«

Die unfreiwillige Gesellschaft bahnte sich ihren Weg durch den Wald. Raffa klammerte sich an Thilo und Rubi erklärte, was los war, redete ohne Unterlass, um keinem von ihnen zu viel Raum zum Denken zu geben. Die wilden Erdbeeren waren noch sauer und hart. Cody daddelte auf seinem Telefon und grummelte, weil er kein Netz hatte. Im Gebüsch knackste es, wie es sich im Frühjahr schickte.

»Ist das wieder so 'ne radikale Nummer?«, hakte Thilo nach.

»Nein, eher so wie die Antiatomproteste«, untermauerte Rubi die Tugendhaftigkeit ihres Anliegens und erbrachte sogleich den Beweis: »Es sind auch Kinder da.«

Thilo und Raffa verschluckten lieber ihre Zungen, als ihr zu sagen, dass sie das in Ordnung fanden.

Sie kamen zum Camp und auch heute guckten nur wenige danach, wer da eintraf.

»Alle mal herhören!«, meldete Rubi, »das sind Raffa, Cody und Thilo. Die helfen uns auch.«

Sie wurde mit weniger überschwänglicher Dankbarkeit überschüttetet als erhofft. Immerhin fragte Mario: »Tee?«

»Ihr könnt gleich mit den Bannern helfen«, wies Ratten-Mandy sie ohne Umschweife ein und knetete ihren Iro zurecht.

»Yuppiesucker«, spuckte der Ziegenbärtige leise im Vorbeigehen.

Conchita trug eine Kiste Signalfackeln auf ihren Bauch

gestützt umher und die drei Hineingelotsten staunten nicht schlecht. Eliza tollte mit einer Gasmaske in der Hand auf sie zu.

»Hi, ich bin Eliza«, sagte sie und pustete sich die struppigen Haare von den Augen.

Raffa und Thilo rangen sich ein Lächeln ab. Alles an Cody war versteinert, bis auf seine Kiefer, die ein neues Kaugummi bearbeiteten.

»Gib mir auch mal einen«, forderte Eliza und er hielt ihr widerwillig das Päckchen hin. Mit ihren dreckigen Fingern zog sie einen Streifen heraus, stopfte ihn in ihr Maul und zottelte ab.

Rubi zeigte ihnen das Camp mit seinen Bewohnern. Raffa und Thilo fühlten sich wie im Zoo und hätten wohl auch Erdnüsse nach den kuriosen Kreaturen geworfen, hätten sie welche gehabt.

Cody kotzte es an: »Die sind ja alle arm!«

Rubi ignorierte das und entdeckte ihre Vorzeigefreundin: »Iana!«

Feierlich stellte sie alle vor und niemand wusste es zu schätzen. Raffa und Thilo hingen im steifen Prozedere ihrer sozialen Inkompetenz, nicht ohne Verdachtsmoment, seit sie die Gasmaske gesehen hatten, und Cody schmollte vor lauter Pauperität.

»Hi«, sagte Iana, die nicht besonders interessiert an Menschen war, knapp.

»Das ist wirklich ein schöner Wald, den Sie hier haben«, beglückwünschte sie Thilo geschraubt und Iana lachte ungläubig.

»Ich find's dreckig«, brachte Cody seine Meinung hervor und steckte die Hände in die Hosentaschen.

»Cody!«, maßregelte ihn Rubi aufgewühlt und Iana zog die Augenbraue gefährlich hoch.

»Stimmt ja wohl«, brummte er beleidigt.

»Wenn's dir nicht gefällt, kannst du ja wieder gehen«, schlug Iana fischblütig vor.

»Nene, ist ja eure Sache. Ich muss ja nicht so leben«, sah er ein und schob kleinlaut hinterher: »'Schuldigung.«

Raffa verlieh ihrer Unsicherheit Ausdruck und quäkte: »Es ist wirklich schön hier!«

Iana fragte sich, was diese Kasper hier sollten und fragte die Kasper: »Bleibt ihr für die Räumung?«

»Was für eine Räumung?«

Iana sog die Wangen ein.

»Rubi, hast du mal ne Sekunde, bitte.«

Sie traten fünf Schritte zur Seite.

»Wer sind die? Was machen die hier?«, zischelte sie ihr ins Ohr.

»Das ist meine Familie ... und Cody«, entschuldigte Rubi und winkte ihrer Bagage zu, um nicht ihr letztes Vertrauen zu verwirken.

»Das ist doch kein Wochenendziel hier!«

»Ich dachte, wir brauchen mehr Leute«, winselte Rubi. Es war nicht zu ertragen, dass Iana sauer war.

»Ja, aber doch solche, die raffen, worum es geht! Wissen die, warum sie hier sind?«

Rubi schüttelte mutlos den Kopf.

»Alter ...«

Rubi beeilte sich ihr zu versichern, dass sie sich kümmern würde. Angestrengt mühte sie sich, alle Enden zusammenzuzerren und fühlte sich behände wie ein blinder Fliegenfänger in Zwangsjacke.

Die Sehnsucht nach ihrer Familie und die brisante Notwendigkeit, den Wald zu verteidigen, schienen unvereinbar. Rubi wusste nicht, ob sie genug Selbstbeherrschung hatte, sie musste doch bis in alle Ewigkeit reichen.

Sie nahm ihre Idee von Mumm zusammen und machte reinen Tisch: »Es kann sein, dass heute Nacht geräumt wird.«

»Rubi!«, beschwerte sich Raffa.

»Du kannst uns da nicht mit reinziehen«, erläuterte Thilo und konnte von seinem hohen Ross nicht mehr den Boden sehen.

Rubi war der Verzweiflung nahe. »Es ist doch auch euer Wald!«

Die Besitzansprüche weckten ein ganz neues Gefühl in Thilo und auch Cody überlegte, was ihm so ein Wald brachte, nur kam er nicht drauf. Aber weil er das schwulstige Ehepaar schrecklich unsympathisch fand, willigte er ein.

»Das kostet aber extra.«

Raffa guckte wie eine Steckdose und Thilos Ehrgeiz war angestachelt.

»Ein friedlicher Protest für Mutter Erde. ... Es ist doch friedlich?«

»Ja, ja. Natürlich.«

Raffa kniepte, beseelt von der Familienzusammenführung, die Lider zusammen.

»Ich bastel aber nicht mit diesen, diesen ... Verlierern«, machte Cody seine Konditionen publik und setzte sich abseits auf einen Baumstamm, um weiter an seinem Telefon zu fummeln.

Raffa malte Blumen auf Transparente, bis Ratten-Mandy es ihr verbot und beide beleidigt waren. Thilo schritt voran, um Mario das Lauchschneiden zu erklären und von seinen

Küchenmessern aus eisgehärtetem Stahl zu prahlen. So stand er kurze Zeit später alleine da und stahl sich dann selbst vom großen Kochtopf und der Aufgabe weg.

Rubi konnte nur hoffen, dass die Peinlichkeiten im allgemeinen Trubel nicht auffielen und rannte zwischen den Trotzköpfen und Iana hin und her, als würde sie gegen sich selbst Ping Pong spielen. Um elf war es Raffaela kalt und Thilo hungrig, weil er zu stolz war, Marios Suppe zu essen. Milinsky hatte sich zu Cody auf den Stumpf gesellt und sie ließen den Flachmann herumgehen. Beleidigt stellte Rubi fest, dass Milinsky mit ihr noch nie so zusammengesessen hatte.

Max rannte umher, um die Kinder einzusammeln und brachte sie unter Gequengel (die blaue Schaufel fehlte. Line fand, das sei Antons Schuld, aber Anton hatte einen Wackelzahn, der ja wohl bitteschön wichtiger als alles andere war) zurück in die Stadt. Thilo guckte der Schar hinterher und schenkte Rubi kurz darauf einen bösen Blick. Die hob entschuldigend die Schultern, es war zu spät.

Um Viertel nach zwölf gellte die erste Druckluftfanfare durch den dunklen Wald und ein Rotkehlchen fiel vor Schreck tot vom Ast. Das war ihr Zeichen – die Polizei war auf dem Vormarsch. In Windeseile verteilten sich die Waldbesetzer, gemäß Milinskys Schlachtplan auf ihre Posten. Die einen kletterten in die Bäume und Häuser, zogen Leitern und Kletterseile hinter sich hoch; die anderen stellten sich rings um die Stämme und zogen Motorradhelme auf. Manche ketteten sich aneinander und um das Gehölz. Anspannung lag wie heißer Strom in der Luft.

»Eliza! Hierhin!«, schnauzte Milinsky und wies die Irrende auf ihren Platz an der Ukulelenbuche.

»Ach ja. Schon hier«, fand sie sich endlich zurecht und zurrte die Gasmaske fest.

Die ersten Scheinwerfer durchbrachen die Nacht, zersplitterten an den Stämmen und Ästen, und die Banner in den Wipfeln leuchteten hektisch im Geflacker auf.

Ein Großaufgebot aus Staatslakaien, Forstwirten und Waldarbeitern mit Warnwesten und Motorsägen trampelte herbei. Die anderen trugen ihre Schusswaffen und Elektroschocker mit nicht weniger Stolz und für Zucht und Ordnung. Es gab Vermummte auf allen Seiten.

Cody lehnte gegen den Buchenstamm und machte mit seinem Handy Bilder. Als er Anstalten machte, Conchita zu fotografieren, riet sie ihm giftig ab: »Ich warne dich. Ich bin dick, ich setz mich auf dich drauf, bis du keine Luft mehr bekommst.«

Rubi lachte hysterisch auf und die Hundertschaft stürmte in das Camp.

»Verlassen Sie augenblicklich das Gelände!«, forderte ein kleiner Mensch in Uniform großspurig durch ein Megaphon.

»Verpisst euch!«, schallte es aus dem Wald zurück.

»Dies ist die letzte Warnung! Räumen Sie ...«, tat er weiter so, als würde es jemanden interessieren.

In den Lichtkegeln der viel zu starken LED-Taschenlampen blitzten ihre ausgezogenen Teleskopschläger auf. Sie trugen keine Nummern an ihren schwarzen Jacken.

»RÄUMUNG!«, wurde jäh der Befehl gebrüllt und die Hundertschaft zögerte nicht. Mit breiten Schultern stürmten sie auf den ersten Ring los.

»Oh yeah, baby«, sagte Cody (der zu seinen Zeiten als Drogendealer zur Genüge Kontakt mit der Polizei gehabt hatte, um zu wissen, dass er sie nicht mochte), als der verbeamtete Mob auf sie zurannte.

Rubis Herz wagte es, sich einen Spalt breit zu öffnen: »Würdest du auch ohne Bezahlung hier sein?«

»Ich bin ein viel beschäftigter Mann«, verneinte er und kaute mit offenem Mund auf seinem Kaugummi und sie schlugen zu.

Von oben skandierten die Genossen, Mario schrie, als sie ihm brutal den Arm verdrehten. Pine zündete im Baum die erste Rauchfackel und orangene Schwaden loderten wie Feuer über ihren Köpfen. Der Forst musste sich wundern, was all diese Menschen in ihm veranstalteten.

»Raus aus unserem Wald!«, schrie einer und der Stiefel traf ihn im Gesicht.

»Fick die Bullen!«, brüllte Conchita und klatschte ihre Hände kampfeslustig auf ihre Wampe.

Thilo sprang von seinem Platz an der Buche auf. »Nehmen Sie mich nicht fest! Ich protestiere friedlich!«

»Feigling«, fauchte Iana verächtlich.

Fünf Polizisten warfen den offensichtlich Gewaltbereiten zu Boden. Ollert und Jansen waren zu sehr mit dem Fixieren beschäftigt, um Rubi zwischen den Protestlern wiederzuerkennen.

»Thilo!«, schrie Raffa auf und kam nicht von der blöden Kette los.

»Ich protestiere friedlich!«, wiederholte sich Thilo mit einem fremden Knie im Rücken und Kabelbindern um die Handgelenke. Sie schubsten ihn unsanft zum Wagen. Die erste Festnahme im Aufstand war geschafft und es konnte richtig losgehen.

Raffaela rannen die Tränen über die Wangen, nicht nur

wegen des Pfeffersprays, an dem diese Nacht nicht gespart wurde. Rubi mahlte mit den Kiefern, Iana war positiv überrascht, dass Cody einem Bullen aufs Visier spuckte. Eine Maus stahl heimlich ein Stück Tofu im Kochzelt und der Advocatus Diaboli sprang voller Tatendrang durch das apokalyptische Spektakel. »Wer will hier die Polizei verklagen?!«, und wedelte mit einem Stapel vorgefertigter Dokumente über dem Kopf, als priese er erntefrische Petersilie auf dem Wochenmarkt an. »Es kostet auch nichts!«

*

Sie hockten im grauen Morgen auf der weiten Steintreppe gegenüber der Wache und warteten. Es war fast acht Uhr. Die letzte Nacht, mit der man durch den fehlenden Schlaf noch wie ein Zeitreisender verbunden war, hatte mehr als dreißig Festnahmen und einen Platzverweis für alle eingefordert. In diesem Moment fuhr das schwere Gerät in den Wald. Pine, der Ziegenbärtige und ein paar andere hatten es geschafft, sich aller Gewalt zum Trotz, in den Bäumen zu verbarrikadieren und bedachten die Polizisten am Boden mit mannigfachen Beschimpfungen. Milinsky hatte sich unerkannt abgesetzt. Thilo war immer noch in Gewahrsam und Raffa verzweifelte. Auch andere Grüppchen warteten auffällig unauffällig auf die, die noch im Verhörraum oder in kargen Zellen schmorten. Es gebot der subversive Sportsgeist, sie draußen zu empfangen. Niemand ging allein nach Hause.

Raffaela drehte sich zu ihrer Schwester, die eine Stufe über ihr saß, überspannt in ihren Haaren zwirbelte und ihr auch nicht helfen konnte. Sie tauschten einen kurzen

Blick bar jeder Freude. Die dunkle Ahnung, ihre Beziehung könnte nur eine Illusion sein, furchte das Abyssal in Rubis Magengrube. Sie war sich sicher, dass Raffa ein falsches Bild von ihr hatte, und sie sah in ihr gerade auch nicht mehr als in einem verkleckerten Rorschachtest.

Rubi hatte Heimweh nach einer funktionierenden Welt und versuchte für alle zusammen so zu tun, als würden ihre nackten Hintern nicht in der Luft hängen.

»Wenn der wegen dir ins Gefängnis kommt«, drohte ihre Schwester, wie eine heranziehende Kaltfront.

»So ein Quatsch«, wehrte Iana vom Kopf der Treppe ab und zog an ihrer Kippe. »Freu dich doch, dass er was Anständiges getan hat.«

Raffas Mund zuckte stolz beim Gedanken an Thilo als Kämpe.

Cody saß unten auf dem Boden und wischte sich durch seine Bilder, die er jetzt endlich verschicken konnte. Das heimliche Selfie mit der Dicken beglückte ihn besonders.

Thilo trat aus der Wache und schaute sich ratlos um. Raffa sprang auf und winkte dem verlorenen Sohn von der Treppe aus zu. Er sprintete in ihre Arme: »Schatz!«

Raffaela tätschelte seine Wange. »Geht es dir gut?«

Niemand fragte Rubi, wie es ihr ging.

»Eine unmenschliche Behandlung!«, geiferte er und hielt fest. »Das war ein unverzeihliches Missverständnis.«

»Mein armer Schatz, mein Schützer des Waldes«, hätschelte Raffa ihren Mann.

»Naja, das wird schon wieder«, prognostizierte er mit leugnerischer Zuversicht und keiner der beiden verstand, dass ihr naiver Glaube nicht nur ein akutes Problem, sondern auch die Ursache so vieler anderer war.

»Ich brauch jetzt erst mal ein Kristallwasser«, stellte Thilo fest und ließ sich neben Raffaela sinken. Rubi war sauer, dass er sich nicht entscheiden wollte, ob er nun Held oder Opfer war und sie anguckte, als sei es alles ihre Schuld. Cody roch unter den eigenen Achseln und schien mit dem Inhalierten d'accord.

»Alles für das bisschen Wald. Ihr solltet lieber Permakulturen bauen«, wusste Thilo zu empfehlen.

Als sei es ein ganz normaler Tag, ging eine Frau mittleren Alters mit ihrer Einkaufstüte aus Plaste an ihnen vorbei. Ein Mann in karierter Jacke und mit Hinkebein setzte sich ganz in ihre Nähe und telefonierte unüberhörbar per Lautsprecher. Irgendeiner seiner Pläne war nicht aufgegangen.

»Sechzehn Euro muss ich jetzt fürs Zugticket zahlen, Mutti«, sagte er zu der Frau, die bestimmt nicht seine Mutter war.

»Hättste Backgammon gespielt, hättste mehr ausgegeben. Sieh's mal so«, rauschte es aus dem Telefon.

»Ja, da hast du Recht, Mutti«, nickte er reuevoll und putzte sich die Nase.

Iana gähnte über das beschützende Mirakel, das Thilos Glauben war, während der Rest der Welt ums Überleben kämpfte: »Das war kein Missverständnis. Das war ganz normale, planmäßige Polizeigewalt.«

»Wie sollen sie denn zwischen euch Krawallmachern friedlichen Protest ausmachen?«, empörte er sich mächtig im Namen seines Volkes.

Iana war das keine Antwort wert. Rubi dämmerte es. Sie steckten mitten im Untergang, schleichend wurde das Morgen annulliert. Die Windbeutelei Thilos war der Realität geschuldet, in die er hineingeboren war. Sie hatte nichts mit ihrer Wirklichkeit zu tun. Es war schizoid, mit ihm zu verhandeln. Er würde sie weiterhin auslachen und, anstatt ihre Sicht zu verstehen, behaupten, sie habe sich die Augen verdorben.

Cody machte Selfies mit ihnen allen im Hintergrund. »Geile Kamera.«

Der karierte Mann blätterte in einem Werbeblatt und murmelte vor sich hin. Rubi schämte sich, für alle.

Aus dem Lautsprecher schniefte es und sie erkannte, dass das Gespräch immer noch im Gange war, eine schweigende Dauersendung.

»Ich hab 'nen Prospekt von Kaufland«, teilte er der Mutti dann doch mit. »Kaffee nur 4,99.«

Sie ließ sich Zeit mit der Antwort, vielleicht musste sie erst noch ihr Buch aus der Hand legen oder die Brötchen aus dem Ofen holen. Sie schmatzte: »Was für eine Marke?«

Während Rubi sich in diesem Gefüge wand, wie in einem eingelaufenen Rollkragenpullover, hatte Iana schon wieder Pläne für die Zukunft, die ihr Jetzt bestimmten. Sie stand auf, reckte sich und beorderte sie von ihrer Betonkanzel: »Wir müssen Milinsky finden. Dem droht die Ausweisung, europäischer Haftbefehl wegen Syndikalismus oder so. Den Knast da drüben überlebt der nicht.« (Milinsky, der alte vogelfreie *Homo sacer*, wurde mit dieser vaterländischen List aus allem Staatlich-Politischen ausgehebelt. Das Volk hatte die Regentschaft an sich gerissen – befugt, den Unliebsamen alle Rechte zu nehmen. So schnell konnte man gar nicht gucken, wie aus der Macht, ein totalitärer Staat werden zu können, ein genau solcher wurde.)

»Was haben wir damit zu tun? Sollen wir jetzt auch noch Verbrecher verstecken?«, echauffierte sich Thilo.

»Lass uns rausfinden, was wir an Stelle unserer Großeltern getan hätten, ja?«, pinkelte Iana ihm gegen das Bein, was wiederum Cody motivierte. Er konnte den schnöseligen Fatzke auch trotz der Nacht in Gewahrsam nicht leiden, stand auf und klopfte sich den Hosenboden ab. »Ich muss eh noch mein Auto holen.«

*

Die Vervollständigung der Räumung wurde wegen der großen Medienpräsenz vertagt. Anwalt fragt: Wer will die Polizei verklagen? Es kostet auch nichts. Selbst ein prominenter Fernsehmoderator hatte sich bestürzt gezeigt. Und so warteten die Staatsorgane ab, bis sich die Wogen etwas geglättet haben würden. In der Zwischenzeit unterhielten sie sich mit der Produktion eines Strafanzeigenhagels: Widerstand gegen Vollstreckungsbeamte, öffentliche Aufforderung zu Straftaten, tätlicher Angriff, Körperverletzung, Landfriedensbruch. Mario war immer noch in Untersuchungshaft und der Advocatus Diaboli konnte noch so viel mit seinem juristischen Ziegenfuß stampfen. Wenigstens Milinsky war an einem sicheren Ort.

Rubi saß inmitten des traurigen Schlachtfelds im Hain. Die zerrissenen Zelte flatterten wie zerfetzte Fahnen im Wind und die Ukulele lag zertrampelt im Matsch. Die Außenküche war demoliert und fünf Häuser aus den Ästen gesägt und geschlagen worden. Eine rotbraune Patina aus Elizas Blut befleckte die herausragenden Wurzeln der Ukulelenbuche. Der Boden war von Reifenspuren zernarbt und Rubi fühlte sich wie unter Wasser getunkt. Pine und Max untersuchten die Bretter und versuchten zu retten, was zu retten war. Schaudernd kroch die unnötige Zerstörung ihrer Gefechtslinie, die nur eine von so vielen war, in Rubi hinein und sie dachte sich den Urwald dazu. Der Mensch und was er tat, war ihr zuwider.

Iana setzte sich zu Rubi und drehte eine Zigarette. »Scheiße.«

Rubi klagte: »Ich kann einfach nicht verstehen, dass die das gemacht haben.«

»War doch klar, dass die das machen«, sagte Iana bitter und sah in den Wald.

»Aber es ergibt keinen Sinn!«, heulte Rubi auf.

»Ja, das stimmt«, pflichtete Iana ihr bei und stützte sich mit ihren Ellbogen auf die Knie.

»Es wird alles kaputt gehen! Dieser Wald, der Urwald, jedes einzelne Tier darin. Die werden es alles zerstören!«

Sie brach in erbärmliche Tränen aus. Iana sog den Rauch tief in ihre Lungen und sagte im Angesicht aller Absurdität nichts. Pine schleppte eine durchgebrochene Pressspanplatte quer durchs Lager.

»Ist doch eh schon alles zu spät. Es ist völlig egal, wie viel wir tun. Es leidet und stirbt doch alles schon.« Spuckefäden schlackerten in Rubis verzerrtem Mund und sie dachte an Raffa und Thilo und daran, dass sie als Teil der Gesellschaft genauso Täter war. Sie ließen sie nicht raus, sie waren der Feind und hatten sie in Beugehaft.

Iana rauchte schweigend ihre Kippe. Sie spürte ebenso den tiefsitzenden Makel, das giftige Versagen der Natur gegenüber, von dem sie sich nicht freimachen konnte (Dr. Prizrak hätte ihr eventuell empfohlen, die katholische Indoktrinierung ihrer Kindheit aufzuarbeiten, die sich so reizend auf Angst und Schuld berief, hätte sie ihn je in seiner Praxis besucht). Sie versuchte den Ursprung ihres humanen Gebrechens zu verorten. War es ihr Herz oder ihr Kopf? Bis heute hatte sie nicht rausfinden können, was lauter war und welches davon sie ausmachte. Es war jedenfalls eine Menge Lärm, vorstellbar, dass das eine das andere grob überschrieb.

Sie zog an ihrer Zigarette und guckte auf den saftigen Boden zu ihren Füßen. »Das Traurigste ist, dass ich mir nie wieder etwas Schönes angucken werde, ohne dabei daran zu denken, dass es zerstört werden wird.«

Rubi unterbrach ihr herzzerreißendes Schluchzen. »Es wird also für immer weh tun?«

»Ja.« Iana versuchte ein Lächeln. »Die schönste Eigenschaft des Revolutionärs ist es, jede Ungerechtigkeit an jedem Ort der Welt im Innersten zu fühlen«, zitierte Iana Che Guevara gebührend frei und suchte vergeblich nach einem Taschentuch.

»Ganz schöne Scheißeigenschaft«, fand Rubi und zog die Nase hoch.

»Ich würde auch lieber darüber nachdenken, welche Rübensorte ich im nächsten Herbst anpflanze«, bestätigte Iana und fragte sich etwas leiser, »pflanzt man die im Herbst?«

»Wo willst du denn was pflanzen?«, fragte Rubi im Hinblick auf ihre Sesslosigkeit.

»Siehste!«

Rubi lachte unter Tränen, so wie sie noch beim Untergang auf der Titanic getanzt hatten. Max riss die zerschlissenen Transparente aus den Ästen und schon zitterte ihre Unterlippe wieder.

»Aber es ist so hoffnungslos!«

»Ha! Die braucht's doch auch gar nicht. Hoffnung ist falsch«, blendete Iana ihren eigenen Schmerz aus, um Rubi ein wenig blenden zu können. »Es geht nicht um Hoffnung, weder von innen noch von außen. Die gibt es nicht. Deshalb müssen wir kämpfen.«

Iana hatte ihre Freiheit teuer erstritten, weil sie sich nicht an Heilsagungen verlieren wollte. Es wäre töricht, einen künstlichen Sinn zu schaffen. Sie wollte nur so viel wie möglich leben, dafür brauchte sie Revolte und Leidenschaft, keine verwöhnte Aussicht auf Erlösung. »Ich weiß, es ist nicht einfach, immer weiterzumachen, trotz unserer eigenen Hoffnungslosigkeit und gegen die der Welt.«

Rubi wischte sich die Nase an ihrem Ärmel ab und verstand nicht recht.

»Wieso machst du das denn alles, wenn es so hoffnungslos ist?« Fast war Rubi beleidigt.

»Der Mut der Hoffnungslosen wird die Welt retten.«

»Meine Schwester versteht das alles nicht«, verzweifelte Rubi weiter, sie war jetzt in Fahrt und ihr Leben in Schutt und Asche. »Die versteht mich nicht!«

Iana wollte sich das fremde Sippenendrama nicht antun. Dafür waren die ihr alle zu seltsam und erinnerten sie zu sehr an ihre eigene Verwandtschaft. Sie alle hatten Probleme und Schmerzen. Es wurden mehr, wenn man sie teilte, nicht weniger. Iana konnte das nicht. Heute war so ein Tag, an dem sie aufpassen musste, sich ihre moralische Disziplin nicht von ihren unzähligen Fehlern schwächen zu lassen.

Sie machte die Zigarette aus und drehte ihr Gesicht zu der flennenden Rubi.

»Jetzt reiß dich mal zusammen.«

Rubi schaute sie böse an, das hatte sie nicht als Antwort auf ihre Ratlosigkeit erwartet.

»Dein Trübsal ist ein Luxus, den wir uns nicht erlauben

können«, erklärte Iana und hoffte, sie würde nicht herzlos dabei klingen. »Am Ende versinkst du in der Verzweiflung. Als gäbe es wirklich keine Alternative zum System.«

Rubi rieb sich die Augen. »Was?«

»Es ist die unmögliche Trauer. Die enttäuschte Hoffnung ist das, was schmerzt. Sie ist die Verzweiflung.«

Rubi kapierte es nicht, in ihr tobten Unruhen und sie steckte in einem Trümmerhaufen. Sie konnte doch nicht für immer traurig sein und die Antwort drauf wäre ein karges *Stell dich nicht so an.*

Iana bemühte sich: »Keine Hoffnung gleich keine Verzweiflung.«

Rubi machte ein Gesicht wie nasse Wellpappe: »Soll mich das jetzt optimistisch stimmen?«

Iana klatschte amüsiert in die Hände: »Ha! Das wäre ja noch schlimmer als Hoffnung.«

Rubi war verletzt und ließ den Kopf in ihre Hände sinken: »Ich bin halt nicht wie du. Ich kann das nicht so an mir abprallen lassen. Es tut verdammt weh!«

»Wir sind alle gleich. Mir tut es auch weh, aber wir müssen uns bewegen«, sagte Iana und bemühte sich, nicht schnippisch zu werden – natürlich tat es ihr auch weh. »Sieh es doch mal so, es wäre doch viel trauriger, wenn dir dieses ganze Desaster nichts ausmachen würde. Dann hättest du ein Problem.«

»Aber es interessiert doch keinen!«, jaulte Rubi und bemitleidete den Planeten genauso sehr wie sich.

»Ja, kein Wunder! Das ganze System ist doch darauf ausgerichtet, die Impulse und Instinkte der Freiheit eines jeden Wesens zu ersticken und zu unterdrücken. Die müssen wir halt wachrütteln. Oder verkloppen.«

In ihren philosophischen Ruinen drehte sie die nächste Zigarette. Rubi hatte aufgehört zu weinen.

»Iana, sind wir Freunde?«

»Hä? Dafür müssen wir doch keine Freunde sein.«

Es war nicht als Verneinung ihrer Freundschaft gedacht, es war ihr nur wichtig festzuhalten, dass es nicht so sein musste.

Rubi sehnte sich nach Ianas Verbundenheit, aber hatte sicherlich auch keine Appetenz, ihre Familie zu verkloppen. Es tat weh, auf keiner der Seiten zu Hause zu sein. Rubi wähnte, dass sie einsam war, aber sie waren es ja alle. Das wiederum ahnte sie nicht.

Als Rubi nach Hause kam, erwartete sie dort das wieder mal sträflich vernachlässigte Terrarium und der mehr als abgetaute Eichelhäher. Rubi riss das Fenster auf, wickelte das vermodernde Tier in eine Plastiktüte und stopfte es zurück ins Eisfach. Vielleicht war er noch zu retten. Die Augen musste sie allemal mit Glassteinen ersetzen.

Sie schaute in ihren Käferkasten und eines der verbliebenen Weibchen stolzierte zufrieden über den braun angelaufenen Apfel, während die Larven, in ihrem letzten Stadium, bevor sie sich zur Puppe häuteten, ihre Bewegungsfreiheit bereits eingebüßt hatten.

Eine richtige Dusche hätte Rubi mit Bestimmtheit gutgetan, aber sie konnte sich nicht überwinden. Sie kroch in ihren Jogginganzug und legte sich fettig und verschmutzt wie sie war ins Bett. Lange machte sie nichts, dann stand sie auf und zog die Vorhänge zu. Sie hatte nichts übrig für die Heiterkeit des jungen Morgens. Sie fuhr ihren Laptop hoch, drückte auf Play und sah sich das Unheil noch mal in

High Definition an. Der Abgrund wurde von Menschenhand geöffnet – wie sollte das auch Sinn ergeben – und riss alles mit sich in die Tiefe.

Ohne Zukunft gab es keine Gegenwart. Die ganze Theorie der Zeit fiel sonst flach. Wenn wir so wenig Zukunft übrighaben, fragte sich Rubi und meinte damit ihre sterbliche Hülle genau wie den Planeten, was ist die Gegenwart dann wert?

So einige der inneren Organe ihrer Larven wurden justamente funktionslos und abgebaut. Und auch Rubi stand es gerade nicht nach Nahrungsaufnahme. Sie drehte sich in ihr Laken ein. Natur und Psyche waren unteilbar. Ein Amputierter würde ja auch auf ewig seinem Bein nachweinen.

Sie war wütend auf Iana, dafür, dass sie gesagt hatte, das Leben sei hoffnungslos. Sie machte die DVD aus und saß schön vorgeführt da; ihr Kopf voller Leidenschaft, das Herz gefüllt mit galliger Reue und bitterem Verlangen.

Dann machte sie wieder nichts und sehnte sich nach dem Gefühl von Pines Sonnenbad. Rubi ging auf, dass ihre Krankschreibung nur noch für eine weitere Woche galt. Sie glaubte, den Verstand zu verlieren und ihr Hypothalamus und das Nebennierenmark veräußerten emsig Hormone, um ihre Herztätigkeit zu beschleunigen. Es gab eine Extraportion Adrenalin obendrauf und Rubis Blutdruck schoss in die Höhe, ihr Atem ging schnell und sie konnte nicht mehr geradeaus denken. Auch ihr Körper stellte sich gegen sie und bescherte ihr einen waschechten Angstanfall.

Als der Spuk vorüber war, lag sie ermattet auf dem Badezimmerboden. Wie ein Messer, das zu oft geschliffen wurde, war sie nicht stumpf, sondern verschwand und löste sich mit jedem Versuch, es besser zu machen, weiter auf. Vielleicht bemerkte sie deshalb die Leere, in der sie, wenn sie nichts tat, schwerfällig versank. Die Krux des Menschen war es, dass er Schmerz und Leid als Herausforderungen brauchte, um aus ihnen Erfahrungen und Erkenntnisse zu gewinnen. Anders lernt er nicht, das dumme Ding. Sie drehte den Wasserhahn zu.

Rubi kam nicht und hatte nicht mal die Energie, es ihm vorzuspielen. Um wenigstens ihn zu haben, hatte sie Cody angerufen. Und jetzt saß er an der Bettkante mit dem Rücken zu ihr und zog sich das Kondom ab.

»Dir geht's nicht gut, was?«, fragte er und meinte doch nur die Schmähung seiner Leistung. Das Einzige, was er je zu Gesicht bekommen würde, war die Wand, vor der er stand und die Schatten, die verschreckt darüber huschten.

Rubi antwortete nicht und zog sich im Bett an.

»Mädchen, so ein Date im Wald hört sich zwar gut an, aber das hier ist besser, wenn du mich fragst«, versuchte er die Stille zu füllen und Rubi lachte mechanisch, wollte weinen und konnte es nicht.

Cody ging und sie blieb im Bett. Auf der anderen Seite der Vorhänge war es drei Uhr nachmittags und die Stadt verbrannte alles, als strebte sie es an, zur Supernova zu werden. Vergeblich wartete man auf das strahlende Aufleuchten am Ende der Lebenszeit, bei der der ursprüngliche Stern sich selbst vernichtete.

Rubi war reglos wie ein altes Päckchen Hefe und hatte keine Lust auf irgendwen oder irgendwas. Sie war zu einsam, um ihre Schwester zu ertragen, verstand nicht mehr, wer sie alle waren. Sie wollte so sehr Harmonie, dass sie nicht mehr dafür kämpfen konnte.

Die Laken lösten sich von den Ecken der Matratze, als sie sich darin wälzte; halb schlafend, wenn sie wach war und halb wach, wenn sie schlafen wollte. In Embryonalstellung igelte Rubi sich in ihrer Gedankenmühle ein, damit das Gefühl des Abgetrenntseins abklingen möge. Sie musste dafür nur die Außenwelt verschwinden lassen.

*

Ihr Gehirn fühlte sich an, als sei es eine zweite Person gleich neben ihr. Eine, die sich ausgeschlossen fühlte. Rubi krümmte sich auf dem Sessel. Was sollte sie dem öden Therapeuten sagen, der da saß wie ein verwackeltes Bild?

»Wo kommt denn dieser ganze Schmerz her?«

»Das frage ich Sie«, drehte Rubi den Spieß um und putzte sich die Nase. »Die Natur schwindet dahin, meine Schwester findet, das ginge sie nichts an und will nicht mit mir reden.«

»Sie denken nicht, dass Sie sich mit ihrer Schwester wieder vertragen können?«, popelte Prizrak nach und blätterte in seinem Block.

»Was bringt mir denn dieses menschliche Miteinander, wenn uns die Bühne wegbricht?!«, jammerte sie.

Sie war der ergebenste Bewunderer der Evolution, dieses pompösen Meisterwerks organischer Materie, und es ward ihr damit gedankt, dass sie für immer todtraurig und unverstanden sein sollte. Kraftlos hielt sie das Taschentuch vor die Nase und tupfte den Rotz ab. Nirgends war ein Instinkt zu entdecken, der ihr zur Hilfe eilen und das Denken erlassen würde.

Sie sabberte ihr Weh in das Tuch: »Wie soll ich das alleine schaffen?«

Dr. Prizrak reichte ihr sittsam eine Pappbox mit Tempos.

»Eine Beziehung ist ein Prozess, Arbeit, eine Kunst. Das ist manchmal schwierig. In der Liebe, auch zu Ihrer Schwester, gibt es keinen Ruheplatz. Nehmen Sie das an.«

Rubi fuhr ihn mit bebender Stimme an: »Was ist denn das für ein blöder Kalenderspruch? Es sind doch alle ruhig!«

»Ich glaube, Sie haben mich falsch ...«, probierte es der Heilkundige, doch sie fuhr ihm theatralisch über den Mund und er malte betroffen Kringel in sein Buch.

»Alle sind viel zu ruhig! Überall Konformität und Passivität, das ist doch das Problem. Das ist die Pathologie der Liebe und der Natur!«, ergoss sie heulend ihre Qual über ihn.

»Mein Gott, Rubi«, duzte er sie aus Versehen und vor lauter Mitleid rutschte ihm das Buch von den Knien.

»Mein Gott?! Bleiben Sie mir mit dem bloß weg!« (Die Menschheit hatte die Götter und Geister vertrieben, nur um am Ende festzustellen, dass sie zu faul war, sich der Verantwortung ihrer gewonnenen Freiheit zu stellen und sich lieber in eine ambitionslose, tumb glückliche Herde gewandelt hatte. Das einzig gute an dieser Herde war, dass sie frohsinnig dabei war, sich selbst abzuschaffen.)

Er drückte ihr noch mal die Tempo-Box in die Hand, der Schnodder hing ihr schon in Fäden am Kinn.

»Haben Sie die Liste weitergeführt?«

Rubi schniefte. »Ja, hier«, sie faltete das Papier auf und las mit einer bröseligen Stimme wie verkohltes Backpapier vor: »Iana glaubt, dass es keine Hoffnung gibt.«

Das traf sich gut, denn Rubi hatte keine. Wie auch? Was sie zum Menschen machte – ihre Gedanken, Erkenntnisse, die Zukunftsschau und Ratio – brachten sie um. Und was ihr an Menschlichem fehlte – Liebe und Zuversicht – auch.

Die Absurdität war unüberwindbar und unerträglich. Wie an einer eisernen Maske zerrte Rubi mit aller Kraft daran, doch sie gab den Blick nicht frei, hielt sie weiter schonungslos gefangen und köchelte sie in der Hitze ihres eigenen Atems.

5

Zigarettenrauch, Musik und Melancholie schwebten durch das gemütliche Duster und verfingen sich in den Ritzen der alten Kneipe. Das Café Blume war von jeher Antifa-Treffpunkt und Ursprungszelle so mancher rebellischen Aktion, vergänglichen Liebelei und Beinahe-Alkoholvergiftung. Solidarität und etliche Lagen von Aufklebern und Postern an den Wänden hielten die Schankstube zusammen.

Der Wirt saß zutätowiert und Abel Paz' *Durruti* lesend auf einem Hocker hinter dem Tresen. Er spiegelte sich auf der polierten Theke und den Gläsern im Regal hinter sich, als könnte die Kneipe nicht genug von ihm haben. Ohne vom Buch aufzusehen aschte er ab und merkte im letzten Moment, dass er dabei war, seine Kippe ins Pilsglas zu schnippen.

Milinsky schlenderte zur Theke, bestellte Whisky und faselte mit dem belesenen Pächter über irische Destillerien. Pine und Iana setzten sich an den kleinen Tisch in der Ecke unter das Poison-Girls-Poster. Iana versuchte, die in den Lack gekratzten Sprüche auf der Tischplatte zu entziffern, Pine spielte mit dem Teelicht.

»Für die Zerstörerin«, präsentierte der Bulgare, drückte Iana ein Glas in die Hand und setzte sich.

Sie prostete ihm zu und machte ihrem Namen der Vollständigkeit halber alle Ehre: »Und Herrin aller lebenden Dinge.«

Pine trank ihren Kirschsaft und leckte sich die Lippen.

Zwei rote Flecken, rechts und links an ihrer Oberlippe, malten ihr ein beständiges Lächeln ins Gesicht. Mit steifen Gliedern wackelte Eliza zur Tür herein, sie hatte so einige Stöcke und Stiefel abbekommen. Ihr Rücken war ein einziges Denkmal aus blauen Flecken und Schrunden, eine Platzwunde thronte wie ein drittes Auge auf ihrer Stirn.

»Es will gerade kaum einer weitermachen«, berichtete die Gebeutelte ohne Umschweife vom Wald, »heute haben wieder zwei ihre Sachen gepackt.«

»Aber wieso? Es muss doch jetzt nach vorne gehen!«, konnte Iana es nicht glauben.

»Die einen haben Schiss, ihren Job zu verlieren, wenn sie noch länger weg sind, die anderen wollen nicht noch mehr Vorstrafen. Mario ist müde, sagt er.«

Iana rollte mit den Augen und drehte sich eine.

»Das Wetter soll auch noch mal schlecht werden«, legte Pine den Finger in die Wunde.

»Die waren sogar bei Julia zu Hause. Die ist völlig fertig«, verteidigte Eliza den Ernst der Lage.

»Ja, dann hätte sie vielleicht besser keinen scheiß Post über ihre Mollis machen sollen«, regte sich Iana über billige Fehler und kokette Arroganz auf.

Milinsky schaute von seinem Whisky auf und raunte wie ein aufziehendes Sommergewitter: »Die Geschichte bespielt sich selbst. Aus Angst geht keiner auf die Straße und die systemische Gewalt ist größer als zuvor. Sie frisst sich schleichend in die Köpfe und Herzen.«

»Und am Ende ist der Bullenstaat normal«, sorgte sich Pine, dass sie nachgaben, ohne es zu merken.

Iana stopfte ihre Zigarette in den übervollen Aschenbecher. »Was heißt das eigentlich, die haben Angst um ihren

Job? Kann man sich Protest jetzt nicht mehr leisten? Die armen Schweine entscheiden sich doch nur zwischen zwei Seiten derselben Medaille.«

Eliza fuhr sich mit den Händen durch ihren schwarzweißen Drahtbürstenschopf: »Es ist halt grad 'ne schwere Zeit.«

»Es gibt ihn nicht, den perfekten Zeitpunkt für die Revolution.« Es lag Milinsky wie ein Schwelbrand auf der Seele, »es ist die Revolution selbst, die die richtigen Bedingungen schafft.« (Drei Tage lang hatten sie ihn damals geprügelt und gefoltert. Er solle verdammt noch mal aufhören, die Arbeiter zu Streik und Aufruhr anzustiften. Dann schickten sie ihn, um das Proletariat zurückzupfeifen, und er sprach mit geschwollenem Gesicht zu der Gewerkschaft – eine flammende Rede des Widerstands. Diesmal suchten sie ihn nicht, um ihn schnöde zu misshandeln, den dreckigen Roma. Im Kofferraum seines Freundes verließ er das Land.)

Eliza nippte an Ianas Whisky und zog eine Grimasse: »Ich hab mich nicht umsonst zusammenschlagen lassen.«

»Hast du auch nicht, dafür ist mein Katzenjammer viel zu groß«, sagte Pine, lehnte ihren Kopf an Elizas Schulter und warf einen Mantel schwarz gefärbter Schwermut über sie alle.

»Du hast was?«, fragte Iana und schob irritiert ihre Unterlippe unter die obere, sie hatte genug vom Trübsal.

»Traurige Wut habe ich. Wie eine süße Erinnerung, von der man nicht ablassen kann. Auch nicht in der Dystopie. Erst recht nicht in der Dystopie. Ich will nicht akzeptieren oder verdrängen, was sie mit Eliza gemacht haben. Solange es weh tut, ist das ein Riss in der Gegenwart, ein Knacks im System.«

Eliza konnte nicht ganz folgen, fand Pines Worte aber elegant.

Milinsky prostete ihr anerkennend zu: »Schön gesagt, Prinzessin.«

»Vielleicht sind wir ja doch hochbegabt. Anarchoelite«, feixte Iana, trank und grübelte dann vor sich hin, »Schade, dass uns das evolutionär nix bringt. Im Gegenteil.«

Von ihnen vier trug keiner zur weiteren Überpopulation bei. Iana wollte sich kein Kind antun und keinem Kind seine Zukunft. Fortpflanzung war nichts für sie (mit der Paarung war es für sie sowieso erst mal wieder vorbei. Fahrlässig hatte sie ihren Griechen wieder getroffen und gebumst. Iana hatte dabei gehofft, er würde noch erkennen, dass ihr Körper aus mehr Teilen als nur ihrer Vagina bestand. Als er sie nach dem vollzogenen Akt dann gänzlich ignorierte, schien ihr die Nähmaschinennummer im Vergleich gar nicht so schlimm. Der Zauber war verflogen, der Rubikon ausgetrocknet und alle latschten quer durch. Es war Eintagsfliegenliebe, bei der durchaus mehr Freude in der Entwicklung der sehnsüchtigen Lust gelegen hatte als im kurzlebigen Schlupf. Man musste heute schon ein Märtyrer oder wenigstens schwachsinnig sein, um zu lieben. Iana liebte viel und viele).

»Wir sind ’ne ganz eigene Brut«, feierte Pine und die Gläser klirrten.

»Prost!«

Der Wirt kam mit einem Tablett zu ihnen geeilt. Es gab offenbar etwas zu feiern und da machte er gern mit. Er verteilte die Schnapsgläser auf dem Tisch und sagte bei jedem einzelnen »so«, als würde die Bewegung nur mit akustischer Begleitung funktionieren.

Iana schob den B52 mürrisch von sich weg. »Nee. Nicht für mich.«

»Is' lecker«, bekräftigte der Gläserträger und schob das Glas zurück.

»Ist mit Tier«, sagte Iana und sah ihn zornig an.

»Ah sorry, stimmt«, entschuldigte er sich, duckte sich tänzelnd wie ein Damian und stellte ihren Schnaps zurück aufs Tablett.

»Du musst dich nicht bei mir entschuldigen, sondern bei der Kuh«, stellte Iana naseweis klar, und dass der Wirt nicht reagierte, brachte sie in Rage.

»Wieso habt ihr so was überhaupt? Das ist doch sonst so ein cooler Schuppen. Ich versteh nicht, wieso genau ihr es seid, die Lebewesen in Käfige sperren und ausbeuten. Mal abgesehen von Arbeitsbedingungen im Massenbetrieb, Landraub und Klimakatastrophe.«

»Wir sind keine vegane Kneipe«, sagte er knapp und trank den Schnaps alleine.

»Ja, aber anti-faschistisch und anti-kapitalistisch seid ihr schon, oder? Tierverwertung ist doch ein Paradebeispiel des Kapitalismus und all die Supersyndikalen machen das dreimal täglich mit. Mindestens.«

»Na dann, Prost Mahlzeit«, sagte Eliza und trank Milinsky seinen Whisky weg.

»Mensch und Tier sind ja wohl nicht gleich! Wehe du kommst mir jetzt mit irgend 'nem scheiß Dachau-Vergleich!«, ereiferte sich der Schenk vorsorglich.

Iana überging seine Streitlustigkeit und machte mit ihrer weiter: »Ja und? Dann sind wir halt nicht gleich! Es geht doch nicht um die Vermenschlichung von Tieren. Klar sind wir verschieden. Aber willst du mir jetzt erzählen, dass du dem Grundgedanken zustimmst, dass es okay ist, jemanden zu knechten, weil er, sie, es anders genug ist?! Sonst war es der Sklave, der Wilde, die Frau, die Kaste ... Deine Argumentation ist die gleiche. Wir beschließen, dass etwas anders genug ist und damit fallen alle Rechte flach.«

Wirsch sortierte er die Gläser auf dem Tablett hin und her und wartete auf einen günstigen Moment zu gehen.

»Das ist die Widerspiegelung des Patriarchats. Ihr lebt die gleichen Muster. Ihr seid das System! Weder Tier noch Natur gehören dir. Sie sind nicht deiner Untertan. Sie gehören sich selbst!«

»Ja ja, die Antispeziesisten kommen, um die Welt zu retten.«

»Ach komm. Natürlich wird durch Veganismus allein die Welt nicht gerettet. Wurde sie ja durch die Abschaffung der Sklaverei auch nicht. Was willst du denn im Umkehrschluss?«

Er nahm das Tablett vom Tisch und verzog den Mund; missfällig, aber trotzdem freundlich. »Du nervst.«

»Jeder hat ein Talent«, prostete Iana ihm zu und einvernehmlich wurde die Diskussion vertagt. Er verzog sich hinter seine Theke und sie tranken weiter, darum waren sie gekommen.

Pine stand auf und hielt Iana die Hand hin: »Tanzt du mit mir?«

Iana erhob sich glucksend: »If I can't dance to it, it's not my revolution.«

Eliza war zu ramponiert für körperliche Ertüchtigungen und spielte Karten mit Milinsky, der ihr heute nachsah, dass sie die Regeln nicht kannte.

Die Geprügelte lachte und schrie: »Rommé!«

Milinsky, der überzeugt war, sie würden Belot spielen, winkte zur Theke nach einem weiteren Whisky. Mehr wollte er gar nicht gegen sie in seiner Hinterhand haben.

Der Regen klopfte an die Scheibe des Lokals und drinnen war das Leben. Sie täuschten sich nicht darüber, wie tief das Übel lag und wie radikal die Lösung sein müsste. Es würde keine magische Errettung geben und sie sangen nur noch lauter.

So trug es sich zu in dieser Stadt. Ihnen allen blieb ein Schicksal, bei dem allein das Ende fatal war. Sah man von dem unvermeidlichen Umstand des Todes ab, war alles nichts als Freiheit. Iana wirbelte mit der jauchzenden Pine durch den kleinen, dunklen Raum, bis die Stühle sich nicht mehr auf ihren Beinen halten konnten. Die Welt rauschte wild um die Tänzerinnen herum und Iana wusste es partout, *ich kämpfe, also bin ich.*

*

Heribert Plötz hatte ihr eine Karte mit Katzenmotiv (Elke hatte ihm bei der Auswahl geholfen) und besten Genesungswünschen geschickt, die Rubi nun in den Rahmen des Spiegels im Flur klemmte. Dann kämmte sie ihren Pony. Sie war spät dran, weil sie zu lange in dem viel bebilderten Magazin über unsterbliche Quallen gelesen hatte (üblicherweise starben die Medusen der Cnidaria nach erfolgreicher Vermehrung ab. *Turritopsis dohrnii* hielten nichts davon, wandelten Zellen ihres Außenschirms zu Keimen neuer Polypen und gebaren damit eine neue, genetisch identische Generation ihrer selbst in Endlosschleife. Ewiges Leben, dank der eigenproduzierten Verjüngungskur, nützte ihnen natürlich herzlich wenig, wenn sie trotzdem dabei ausstarben). Wie auch die Quallen lerne Rubi die Regeln erst, nachdem das Spiel vorbei war. Der Abend konnte beginnen.

Thilo und Raffa kamen als letzte und strotzten ob ihres friedensliebenden Beschlusses, die Geschehnisse des Waldes zu begraben. Sperrig wurden Begrüßungen ausgetauscht, kannte sich die Gesellschaft doch aus geradezu wunderlichen Umständen. Raffa wusste immer noch nicht, wer oder was dieser Cody war und die blonden Haare der Struwwelpetra wären freilich vor lauter krimineller Energie elektrisiert. Cody gab Thilo zähneknirschend die Hand und Iana trank ihr Bier, ohne ihnen viel Beachtung zu schenken.

Thilo trat an den süperb gedeckten Tisch und inspizierte die zum Lotus gefaltete Serviette. »Was ist denn der Anlass?«

»Nur so«, ignorierte Rubi die hochnäsigen Spitzen in seiner Stimme und zündete die Kerzen an.

»Wie, nur so?«

Raffa wollte die Situation nicht schon zu Beginn überreizen und pfiff ihren Mann zurück: »Jetzt lass sie doch.«

»Ich wollt's ja nur wissen«, mokierte er sich und knetete die Lehne des Stuhls, hinter dem er stand.

Cody ließ abwechselnd seine linke und rechte Brustmuskulatur tanzen.

»Setzt euch doch«, lud Rubi sie gütlich ein.

Iana lächelte mit tauben Lippen, der Zinnober war ihr zu gestelzt. Die Gastgeberin schenkte den Wein ein und der Besuch rutschte in ungewandtem Schweigen auf den Polstern herum. Der ausgemachte Mangel an Instinkten war ihre Achillesferse (dieses Menschsein könnte theoretisch auch ihr Ausweg sein, bloß ob sie den fanden war fraglich), die weit über die unteren Extremitäten reichte.

Iana machte brav einen geraden Rücken: »Danke für die Einladung.«

Cody lehnte sich locker zurück und hob sein Weinglas: »Ein Toast!«

»Das heißt *einen* Toast«, berichtige Thilo ihn nur zu gerne und Cody mochte ihn gleich noch weniger.

Raffaela fasste ihre intendierte Begeisterung über das schwesterninduzierte Dinner in Worte: »Auf einen wundervollen Abend. Chin Chin!«

»Prost«, sagte Iana, trank und rülpste vornehm. Nüchtern würde sie es nicht ertragen.

Rubi brachte das Essen. Zur Vorspeise verteilte sie vegane Empanadas mit Kartoffel-Champignon-Schalotten-Füllung auf ihren Tellern.

»Hmm, das sieht aber lecker aus«, legte sich Raffa bis zum Anschlag ins Zeug. Ihr Enthusiasmus durfte unter keinen Umständen schwinden.

Rubi meinte schlicht: »Ist ganz schön verbrannt. Kann man aber abkratzen.«

Thilos Blick klebte an dem Aufnäher auf Ianas Tasche.

»*Anti-repressive Aktion*? Seid ihr auch noch Anarchisten?«, fragte er, als sei er einem gefährlichen Kult auf die Schliche gekommen, der das gezirkelte A wie eine Hexenrune verehrte. »Kein Wunder!«, fügte er ungewöhnlich agnostisch hinzu und legte sich die Serviette auf den Schoß.

Iana lächelte schwunglos: »Die meisten sind Anarchisten. Es sind aber auch Kommunisten dabei und ein paar, die es noch nicht so genau wissen.«

»Wie soll das denn gehen, Anarchie?«, fragte er abfällig und versuchte mit der Gabel durch die Kruste zu brechen. Die Teigtasche flutschte zur Seite.

»Hä? Wieso soll das denn nicht gehen? Als würde das funktionieren, was wir hier haben ...«

Raffa machte Augen wie ein Koboldmaki und strebte einen zügigen Themenwechsel an: »Rubi, wir überlegen, auf ein Yogaretreat nach Bali zu fahren!«

»Wissen wir denn, ob das, was uns heute utopisch erscheint, in der nächsten, übernächsten Epoche nicht schon Realität sein kann?«, zitierte Iana Louise Michel, nahm ihre Empanada in die Hand und biss ab.

Thilo motzte besserwisserisch: »Das ist doch totales Chaos.« Und probierte es jetzt mit Messer und Gabel.

»Du redest von Anomie, nicht Anarchie, Schätzchen«, kaute Iana ungerührt.

»Na Rubi, was sagst du?«, drängelte die Schwester mit einem Stück Champignon auf der Wange.

»Wozu?«, fragte Rubi abwesend und guckte sich lieber Thilo an, wie er auseinandergenommen wurde.

»Dass wir nach Bali fahren!«

»Du meinst fliegen.«

Iana trank einen großen Schluck bevor sie dozierte: »Anarchie ist höchste Ordnung. Da wird individuelle Freiheit mit den gemeinschaftlichen Verpflichtungen durch Zusammenarbeit, basis-demokratische Entscheidungsfindung und soziale und wirtschaftliche Gleichheit in Einklang gebracht. Antifaschistisch, ökologisch, feministisch und so weiter. Ganz ohne Macht und Gewalt.«

Auf Thilos Teller hatte sich die Empanada in trockene Brocken und Krümel zerlegt. »Das ist doch Augenwischerei. Gesetzloser Verfall! Verblendeter Idealismus. Gefährlich ist das!«

Sie hatte nur ein süffisantes Grinsen für ihn: »Hast du

Angst davor, nicht zu herrschen, oder nicht beherrscht zu werden?«

»Du glaubst, das würde fair laufen?«

»Was heißt denn fair? Ich tu' dir nur so sehr weh, wie du mir? Nee, es wäre gerecht.«

»Und eure gewalttätigen Ausschreitungen sind auch gerecht oder was?«, stutzte er sie zurecht und strich die Serviette glatt.

Raffaela hielt es kaum aus und rang darum, den Fokus zu verschieben.

»Ja, meinetwegen fliegen!«, gestand sie genervt und fügte mit Engelszungen hinzu: »Komm doch mit! Das wird dir guttun.« (Sie schlug es vor, meinte es aber nicht, aber irgendwas musste sie ja sagen.)

Rubis Blick hing an Iana und Thilo. Sie befingerte den Stiel ihres Glases und lehnte ab, ohne die Reiseplanende dabei anzuschauen: »Nee, danke.«

»Eine spirituelle Erfahrung unter Palmen, im Einklang mit der Natur«, mühte Raffaela sich, mit einem angstvollen Blick auf die zwei Streithähne, weiter ab.

»Hm«, machte Rubi.

»Und den Locals, glaube ich.«

»Hm.«

»Gewalttätige Ausschreitungen? Die Beurteilung hängt davon ab, auf welcher Seite man steht. Unser Widerstand ist doch die Reflexion der Systemgewalt, die das eigentliche Problem ist«, sagte Iana mit vollem Mund.

»Schöne Ausrede. Pfft. Auge um Auge, oder was?«, zänkelte Thilo.

»Jetzt sag doch auch mal was! Herrgottnoch mal«, herrschte Raffa Cody an, der sich bis jetzt ausschließlich aufs Essen konzentriert hatte. Es war ihr ein zwingendes Bedürfnis, dass es ein schöner Abend wurde und sie stürzte ihren halben Wein hinunter.

Iana winkte Rubi mit ihrer Empanada zu: »Da beißt man sich echt die Zähne dran aus.«

»Ja, die sind nicht gelungen«, pflichtete Rubi bei.

Cody war neidisch auf ihre Reise und das Geld, darum sprang er lieber Iana zur Seite (obwohl er nun tunlichst kein Interesse an einem System hatte, das ihm nicht versprach, etwas Besseres sein zu können): »Und wie erreicht man Anarchie?«

»Nie«, sagte Iana beherzt.

»Nie«, sagte Rubi traurig, aber das hörte keiner.

»Aha!«, triumphierte Thilo

»Oh«, machte Cody.

Raffaela war stinksauer und knallte ihr Besteck auf den Teller.

Iana fuhr unbeirrt fort: »Anarchie ist kein Endzustand. Es ist organisch. Und wir können jetzt damit anfangen, da braucht man auf nichts zu warten.«

Cody nahm sich eine weitere Empanada aus der Schale in der Mitte des Tisches.

Rubi wendete sich endlich an ihre beleidigte, da vernachlässigte, Schwester: »Wärst du auch da, wenn du nicht meine Schwester wärst?«

»Natürlich! Ich liebe dich. Du bist doch meine Schwester«, rief sie und 19 Gesichtsmuskeln kontrahierten zu einem fazialen Ausdruck des Unverständnisses. Schnell sprang sie weiter, geradezu garstig: »Thilo! Jetzt zeig ihr doch mal die Fotos!«

»Was für Fotos?«, wollte er verblüfft wissen.

»Von Bali, herrgott! Rede ich zu mir selber oder was?«

Thilo zeigte die Fotos und wollte Iana das letzte Wort nicht gönnen: »Das werden wir noch sehen, ob das funktioniert.«

Iana zog verwirrt die Brauen zusammen und ulkte: »Ok ... Dann sehen wir das«, und erhob ihr Glas zu Cody – für seine Mithilfe am Tisch und nochmals nachträglich für das Bespucken des Polizisten.

Rubi brachte die Hauptspeise. Mangoldrouladen ohne den Rettichschaum, denn der lag in dem Eimer unter der Spüle und war gar kein Schaum, sondern eine glibbrige Flüssigkeit.

Raffa fuhr verzückt zu Hochtouren auf: »Toll! Ganz toll sieht das aus!«

Cody wollte jetzt auch schlau sein und sagte: »Das ist sehr gut für die Wirtschaft auf Bali. Ganz schön schlau, die Esos abzuziehen. Da wächst ein ganzer Wirtschaftszweig.«

Thilo ignorierte seinen Einwurf und prahlte stattdessen: »Das Retreat wird von einen Jivamukti Guru aus Los Angeles geleitet.«

Seine Partnerin nickte stolz, niemand sonst am Tisch reagierte.

Thilo legte nach: »Der wurde von Swami Nirmalananda gelehrt und gesegnet.«

»Gesundheit«, wünschte Iana (insgesamt brauchte Thilo solche heidnischen Wünsche nicht, wo er sich doch längst an anderer Stelle Unsterblichkeit versprechen ließ).

Rubi fragte: »Kommt der von L.A. geflogen?«

»Wirtschaftswachstum«, wollte es Cody nur noch mal gesagt haben und stopfte sich die nächste Roulade in den Mund.

»Man ersetze *Wirtschaftswachstum* mit *gesteigertem Ver-*

brauch«, empfahl Iana dem Lakaien des Kapitalismus gehässig.

Cody verstand den Vermerk nicht. »Ja, das ist doch gut.«

Iana verdrehte Augen, Rubi stocherte in ihrem Essen und neben Raffas Schläfe pochte gut sichtbar eine Ader: »Es geht auch um Kultur! Kultur und Werte und Weisheiten.«

Rubi tat den Gästen noch mal Rouladen auf. »Beim Yoga Retreat?«

Iana flüsterte in ihr Glas: »Der Socio-Oeconomicus ist Autist.«

»Da können wir Metaphysisches bewahren und zelebrieren«, beschwor Raffa mit brüchiger Stimme.

Thilo guckte auf die matschige Roulade, die wie eine fette Schnecke auf seinem Teller lag: »Klasse.«

Iana fragte unschuldig: »Sind's jetzt Balinesen oder Inder?«

Cody lachte und Iana freute das so sehr, dass sie kicherte.

Rubi schenkte nach: »Noch jemand Wein?«

»Jivamukti ist auch vegan«, giftete Raffa Iana an und es fehlte nur, dass sie ihr zur Feier ihres Schelmenstreichs eine lange Nase drehte.

»Toll. Dann kauf ich mir das auch«, versprach Iana trocken, erhob das Glas in Raffaelas Richtung und wünschte sich, auch mal solch schicke Scheuklappen tragen zu können.

Cody zerschnitt eine Roulade und fragte: »Wie soll denn auf der Gymnastikmatte sitzen nicht vegan sein?«

Er griff nach dem Salzstreuer, der vor Raffa stand. Die war wütend wie eine Schlange, auch weil er so perfekt manikürte Hände und ausgesprochen schöne Haut hatte.

Thilo schüttelte den Kopf und belächelte den Kritischen mit aufgeplustertem Fell: »Du verstehst es einfach nicht.«

Cody ließ die Gabel fallen und richtete sich bedrohlich auf: »Was verstehe ich nicht?«

»Genug!«, schrillte Raffa wie eine Pausenglocke dazwischen und alle waren still.

Iana räusperte sich und sagte zu Thilo, obwohl es nicht stimmte: »Du hast Mangold zwischen den Zähnen.«

Man einigte sich darauf, jetzt den Nachtisch zu sich zu nehmen.

Rubi saß völlig ruhig unter ihren Gästen, die sich wie die letzten Menschen benahmen, und reichte Vanillepudding mit bunten Streuseln zum Dessert.

»Wie ist denn das Wirtschaftswachstum so in deiner Branche?«, fragte Iana Cody schelmisch ob des Tabus und der gekünstelten Unwissenheit der anderen.

Raffa, der Böses schwante, war wie vom Donner gerührt. Cody konnte sich ein Grinsen nicht verkneifen, hielt es aber für unangebracht, Rubi den Abend zu versauen.

»Ich will nicht weiter in diese Kerbe schlagen«, sagte er also gedrückt.

Rubi schwenkte ihr Glas vor sich und fragte nonchalant: »Ist was falsch mit meiner Kerbe?«

Cody spuckte seinen Wein auf den Teller. Raffaela verschluckte sich an einem Stück Roulade. Iana und Cody waren beide recht beschwipst, rissen die Augen auf und bissen sich auf die Lippe, um das Lachen zu unterdrücken.

»Du hast ganz schön was auf dem Kerbholz, Cody«, presste Iana giggelnd hervor und die Tränchen standen ihr in den Augen.

Raffa verbat sich das: »Also ...«

An Thilo ging es alles vorbei. »Ach so, Streusel. Sind die also auch vegan. Das ist ja allerhand.«

Iana entschuldigte sich drucksend bei Rubi und ging gackernd zum Klo.

Auf ihrem Weg zurück blieb Iana am Terrarium stehen, beugte sich runter und beherrschte sich, nicht gegen das Glas zu klopfen.

»Ist der tot?«

Rubi schaute nach, nahm den leblosen Käfer raus. »Ja, der ist tot.«

»Oh nein, das tut mir leid!«, rief Iana auf.

Cody lutschte an seinem Löffel und bemerkte: »Ist doch nur ein Käfer.«

Iana schnappte: »Was heißt denn hier nur?«

Mit spitzen Fingern nahm sie ihn von Rubis Handteller: »Schön ist der.«

Weil sie nichts aus Gefangenschaft unkommentiert loben konnte, fügte sie schnell tadelnd hinzu: »Aber ist auch scheiße in so 'nem Kasten.«

Raffa eilte verschwiemelt herbei, die Stimmung zu retten: »Aber er hat es doch immer schön gehabt!«, und guckte ihre Schwester wie eine Butterrosine an.

»Dass du das sagst, hätte ich mir denken können«, blökte Iana und setzte sich mit kantigen Bewegungen wieder hin.

Thilo fragte schnippisch: »Was soll das denn jetzt heißen?«

Rubi funkte dazwischen: »Wer will einen Verdauungsschnaps?«

»Ich!«, salutierte Cody und knallte brünstig seine Hand auf den Tisch, dass die Gläser wackelten.

Am Ende der Völlerei gaben sie sich der Trägheit der Masse hin. Raffa und Thilo hingen über ihrer Yoga App und buchten sich ein paar Extras. Cody studierte das Etikett der Weinflasche und gönnte sich noch ein Glas. Iana half Rubi mit dem Abwasch.

»Du hast ja gar nichts gegessen«, bemerkte sie und kratzte die Reste von einem Teller.

»Ich hab beim Kochen schon so viel probiert«, log Rubi. Keine Mangoldroulade hatte je ihren Gaumen berührt.

Der Satten war es egal, sie mochte auch diese Norm nicht, dass man zu essen hatte, wenn alle es taten, und leckte sich den Pudding von den Fingern.

Iana steckte sich eine Flasche Wein ein und bedankte sich für den lustigen Abend. Als Raffaela nach einem weiteren Glas einsehen musste, dass Cody nicht vor ihr das Haus verlassen würde, raffte sie sich auf. Sie ließ ihrer Schwester eine bald kapriziöse Umarmung zuteilwerden, ein vergeblicher Versuch, sie sich einzuverleiben. Rubi kam sich ungeschickt und lächerlich vor, als stünde sie plötzlich im Dunkeln und ihre Augen müssten sich noch daran gewöhnen – nur umgekehrt. Es war auf einen Schlag grell geworden. Thilo versprach Rubi, ihr ein besseres Empanada-Rezept zu schicken und Cody zwinkerte ihm obszön zu, bevor er samt Gattin das Feld räumte.

Sie schlief ein letztes Mal mit ihrem Callboy, inklusive Oralverkehr. Als sie ihm sein Geld geben wollte, lehnte Cody ab: »Das geht aufs Haus.«

Er küsste sie auf die Nase, betrunken und beflügelt, dass er mit einer so feinen Gesellschaft gespeist hatte.

*

Anheimelnde Flecken und Krümel übersäten das Tischtuch und pointierten die Ödnis der leeren Plätze um sie herum. Rubi fuhr mit dem Finger das Muster der Decke nach und trank den verschmähten Merlot aus Raffaelas Glas. Dann räumte sie das Geschirr zurück in die Schränke und alle Existenz lag hinter ihrer Schädeldecke.

Sie konnte sich nicht mit Meditationen und der Suche nach dem Zen betrügen (wenn sie tot war, käme sie folglich näher an die Erleuchtung als je mit ihren Gedanken. Nicht obwohl, sondern gerade weil es kein Leben nach dem Tod gab. Das sollte mal einer verstehen). Sobald sie versuchte, sich aus dem Menschsein zu erheben, verlor sie dabei nur sich selbst. Blieb eine andere Wahl, als sich etwas vorzugaukeln?

Die letzte überlebende Käferdame krabbelte noch ein Weilchen auf dem Torf herum, bis ihre Zeit kommen sollte. Rubi fragte sich, ob sie auch einsam war und beneidete den Gliederfüßler um seine animalische Freiheit, als sie sich die Antwort selbst gab.

Betulich kümmerte sie sich um das Terrarium und setzte den an Altersschwäche verstorbenen Rosenkäfer in ihren Setzkasten neben den Emailleanhänger aus Prag (als Oma Anni gestorben war, hatte sie in einem geschlossenen Sarg gelegen. Sie hatten sie nicht angucken dürfen. Als wäre dieser Teil heimlich, verboten. Ja, es war verboten zu sterben. Rubi hatte es nicht verstanden. Und der Priester, den sie bei Clemens' Taufe so angeschrien hatte, sprach langweilige Gebete von Vergebung, Gottesgnade und mancherlei weitere Lüge über Oma Annis Pakt mit dem Gott). Der Käfer war nicht mehr. Die nüchterne Wahrheit war konsequente Verdammnis und sie trank den Wein ab jetzt aus der Flasche.

Sie war nur sie und nichts war wahr. Raffa belehrte sie unentwegt, mit ihren *Spinnereien* aufzuhören. Sie wollte Rubis Wirklichkeit keinen Glauben schenken, wie ein Kind, das sich weigerte, den Puppenspieler über seinen geliebten

Marionetten wahrzunehmen. Und Iana war wie eine wahnsinnige Souffleuse aus ihrem Kasten unter der Bretterbühne hervorgeklettert und hatte die Fäden einfach *schnippschnapp* durchgeschnitten. Leblos lagen die Figuren nun im Scheinwerferlicht am Boden. Und in eben diesem entscheidenden Moment verweigerte sich Iana, ihr durch die schwierige Szene zu helfen und flüsterte nur noch heimlich zu sich selbst.

Rubi vermisste die ihr vertrauten Schatten und Imaginationen, den märchenhaften Maskenball, der ihr Leben gewesen war.

Endlich fasste sie einen Entschluss und zog die Tüte aus dem Tiefkühlfach. Das Plastik und die kalten Kristalle knisterten im Kanon, als Rubi hinein auf ihren Vogel spinkste. Er war immer noch wundervoll, wenn auch ein bisschen verbogen. Sie überlegte kurz, ob sie die matten Augen herauszupfen sollte, befand das aber schnell für unnötig, stopfte den Eichelhäher samt Tüte in einen großen Umschlag und leckte den süßlichen Klebestreifen an. Bevor sie das Couvert endgültig verschloss, fummelte sie die zerknüllte Liste aus ihrer Hosentasche und schob sie mit hinein. Dr. Prizrak würde ihr Geschenk (verblüffend ähnlich dem einer Katze) verstehen, war es doch nur eine weitere Schattenspielpuppe aus Platons Höhle.

Sie ging den Weg zum Briefkasten zu Fuß und die Stadt bildete unter, neben und über ihr die Kulisse. Man konnte nie wissen, wann der nächste Vorhang fiel. Rubi hatte hinter die Fassaden gesehen und die gähnende Leere dahinter vertilgte sie. Und hätte sie es nicht getan, so hätten sie doch nur das umstürzende Bühnenbild oder einen der Statisten erschlagen.

Die gelbe Klappe quietschte, als Rubi den Umschlag einwarf, und weg war ihr Vogel. Kalter Wind spielte mit den Härchen auf ihrer Haut und die Larven zu Hause bastelten sich derweil aus Erde und Pflanzenteilen ihre Puppenhülle. Darin begann der Neuaufbau des adulten Käfers. Doch bevor der Imago das Licht der Welt erblicken würde, musste die Puppe eine komplette Auflösung ihres Inneren vollziehen. Der einzige Weg dem Problem beizukommen, war, sich vollkommen von ihm einnehmen zu lassen und sich zu entleiben. So wollte es das Naturgesetz.

Vor der Haustüre suchte sie nach ihrem Schlüssel und fand stattdessen in ihrer Tasche den Löwenmäulchensamen, der nun in ihrer Handfläche kullerte. Sie schloss die Tür auf und trat ein. Ohne das Licht anzumachen, ging sie zum Terrarium, nahm den letzten Rosenkäfer, der verwirrt mit den Beinen wackelte, öffnete das Fenster und setzte ihn draußen auf den Sims. Den Samen warf sie hinterher in den Schlund der Nacht. Dann setzte sie sich an den Tisch, auf dem die Kerzenstummel träge brannten.

Sie stellte die Weinflaschen auf den Boden und zog die Tischdecke gerade. Dann nahm sie ihre Tasche von der Stuhllehne und holte die Butterbrotdose heraus. Sie knipste die zwei kleinen Plastikverschlüsse hoch und klappte den Deckel auf. Für ein paar Minuten schaute sie das Fläschchen an, das sie aus dem Labor geklaut hatte, als müssten sie sich miteinander bekannt machen.

Sie hielt die Luft an, als sie den Deckel des Ammoniakwassers aufschraubte. Der stechende Geruch war eine letzte Warnung und selbst jetzt machte sie sich noch etwas vor. Zumindest war der Hauch eines Instinkts dabei. Sie presste die Lider fest zusammen, bis auf ihrer Netzhaut mechanische Lichter tanzten. Schwerer Atem stob durch ihre Nase und sie schlug die Augen wieder auf. Das Fläschchen fing erneut ihren Blick und sie hob es an. Rubi schluckte den Salmiakgeist und nahm sich als ihre letzte Freiheit das Leben.

Es war vollbracht. Sie war tot, auch wenn sie kurz noch hier saß. Gleich würden die Schmerzen einsetzen, blutiges Erbrechen und dann würde ihre Lunge versagen, oder ihr Kreislauf kollabierte zuerst. Das wusste sie nicht genau. Man wusste so wenig über das Sterben (Oma Anni hatte es ihr auch nicht verraten und stattdessen einfach mit aufgeschnittenen Pulsadern in der Badewanne gelegen. Rubi hatte es durch den Türspalt gesehen. Und auch wie ihre Mutter geheult und der Arzt die Hände über dem Kopf zusammengeschlagen hatte. Es war nicht einfach, die kräftige Frau aus der Wanne zu heben. Überall schwappte das rot gefärbte Wasser).

Rubis Herz hörte auf zu schlagen und sie wurde allmählich bewusstlos, als auch der Rest ihres Körpers nach und nach verendete. Der Selbstmord war ihre Antwort auf all das Sterben – das der anderen und ihres eigenen. Sie wollte kein Vorreiter sein und sie konnte nicht wieder zurück. Das Leben hatte einfachen Prozess mit ihr gemacht – *Tod durch Höhlengleichnis* lautete das vernichtende Urteil.

Rubi hatte keine Angst davor, tot zu sein. Sie freute sich auch nicht darauf. Sie war völlig leer. Wie sollte sie sich auch fühlen, ohne zu wissen, was nach der letzten Sekunde ihres Lebens kommen sollte. Diese Wand war nicht zu durchbrechen, sie existierte nur auf einer Seite. Und so konnte sie sich *gottseidank* bis zum letzten Moment sicher sein, dass danach nichts kam. Die totale Erleuchtung im totalen Nichts (am besten wäre es wohl, alle Erkenntnisse, die Rubis sauerstoffunterversorgtes Hirn in diesen letzten Sekunden hatte, als Halluzinationen oder sensorische Ausfälle zu bewerten. Die Wissenschaft steckt noch in ihren Kinderschuhen, wenn es ums Sterben geht. Und die Religiösen glauben eh, was sie wollen).

Rubis Muskeln erschlafften. Sie war dem Leben von der Schippe gesprungen.

*

Thilo hatte sie über den Advocatus Diaboli erreicht. Weil der nicht einfach ihre Nummer herausrücken wollte, hatte der Jurist Iana die Nachricht von Rubis Tod überbracht. Sie hatte Thilo sofort zurückgerufen und er hatte es sich nicht nehmen lassen, ihr einen Schwall Vorwürfe durchs Telefon zukommen zu lassen. Raffa schrie und heulte im Hintergrund und Iana nahm es an.

Vorwürfe machte sie sich auch selber, andere als Thilo, aber nicht weniger schmerzhaft. Sie hatte sie angestupst und dann alleine fallen lassen, wie ein Dominospiel der Verdammung. Der Kampf war ein kollektives Bemühen. Iana hatte zwischen all ihren hehren Zielen übersehen, dass man es mit Menschen, diesen fühlenden Wesen, dorthin schaffen musste.

Dann hatte sie sich ins Bett gelegt und geweint.

Eine Woche später war die Beerdigung und Rubi immer noch tot. Iana betrat die Trauerhalle mit steifen Schritten. Direkt hinter der Tür standen Thilo und Raffaela und begrüßten mit eingefallenen Wangen und schlaffem Händedruck die Trauergäste. In der Schwester brach etwas, als sie Iana sah.

Ohne Vorwarnung hämmerte sie ihre verzweifelten Fäuste auf Ianas Brust.

»Warum, warum, warum!«

Es war eine Anklage, keine Frage, und so brauchte Iana nicht zu antworten.

Sie schlug weiter und brach dann an ihr zusammen. Iana legte die Arme um sie und Raffa klammerte sich wimmernd an die wankende, einstürzende Brücke zu ihrer Schwester, die Iana war. Sie brauchte allen Trost, den sie kriegen konnte.

»Es tut mir leid«, sagte Iana und schluckte. Raffa, Rubi, was sie getan und nicht getan hatte, der Zustand der Welt und sie sich selber.

Die verwaiste Schwester ließ von ihr ab und schaute ihr nicht in die Augen. Iana reichte Thilo die Hand, der sich danach bekreuzigte, als sei sie der Satan.

Sie schritt weiter in die Halle, in der sich Spirituelles und Religiöses vermengten wie Wasser mit Öl. Es war eine von Raffa inszenierte Feier; ein Blumenmeer ergoss sich über das Mobiliar, Räucherstäbchen schwelten vor sich hin, es trommelte aus einer mit Tüchern verkleideten Ecke (Ricky Müller hatte letzten Monat das Schamanen-Seminar in Bottrop mit Auszeichnung absolviert) und eine verwirrende Anzahl von Kreuzen war um den weißen Eschensarg aufgestellt, in dem Rubi trendgerecht zu Grabe getragen werden würde. Die Schwester klammerte sich an die Organisation der Festivitäten wie an ein Exoskelett, das das leere Chaos in ihr im Zaum halten möge.

Sie vollführten den Sprung ins Religiöse, obwohl Rubi das nicht gewollt hätte. Dann hätte sie es ja auch direkt bleiben lassen können. Sie nahmen ihrem Tod den letzten Fitzel Sinn, damit es für sie erträglicher war. Und trotz allem, was

Raffaela tat, erbarmte sich keine einzige Gottheit, auch nur zu existieren.

Auf den hölzernen Klappstühlen hockte die verknusterte Gesellschaft mit fantasielosen Gesichtern wie auf dem Amt. Es wurde gehüstelt und einer fragte sich, ob es im Anschluss einen Leichenschmaus geben würde. Am Sarg wurde geweint (der war aus Gründen der Ästhetik geschlossen). Ein ferner Verwandter hielt eine langweilige Rede. Die Schmeckmeier in dritter Reihe trug ein kleines Hütchen mit Trauerschleier. Ihre Lippen waren fast verschwunden, so vertrocknet war sie. Sie faltete die Hände und übte sich in Betroffenheit. Frank, rechts neben ihr, schüttelte den Kopf samt seiner Tolle. Peter war nicht anwesend (seine Romanze mit der Praktikantin hatte diese ihren Platz und die Schmeckmeier viele Nerven gekostet. Peter fand es nur fair, wenn er lieber Obstler mit Jörg trank, als sich vor den Furien zu rechtfertigen. Die taten grad so, als sei es unverständlich, dass ein Mann von seinem Kaliber Bedürfnisse hatte). Heribert Plötz schnäuzte sich und gab sich größte Mühe, die Contenance zu wahren, Elke hielt seine Hand und half ihm dabei. In der anderen Hand hielt sie eine Blume für das Grab.

Die Leute aus dem Wald standen ganz hinten im Saal. Ein rosa Iro lugte zwischen den schwarzen Gestalten hervor. Es war eine etwas andere Art der Demonstration und sie wussten nicht so recht wie. Conchita balancierte von einem Streichholzbeinchen aufs andere und machte Mario nervös. In einem Moment, in dem sie sich unbeobachtet glaubte, tunkte Eliza den Finger ins Weihwasserbecken und leckte gespannt daran. Pine nahm Max in den Arm.

Nach einer Weile wurde beschlossen, dass alles Wichtige über Rubi gesagt worden war und die Prozession setzte sich in Gang. Die Menge aus dem Forst war überfordert, weil sie damit schlagartig vorne und im Weg standen. Mit gesenkten Blicken versuchten sie Platz zu machen und rempelten sich gegenseitig an.

Dann endlich zog die wehklagende Gemeinde an etlichen fremden Gräbern vorbei. Keines dieser Sterben hatte die Welt angehalten (außer Tobias Lordin, Techniker, verstorben am 17.10.1994, als er mit Kammerflimmern und nur 47 Jahren zusammenbrach. Er versäumte es durch sein Ableben, die Bahnhofsuhr auf die Winterzeit umzustellen und hatte so zumindest die Zeit ein wenig verzerrt, bis Ersatz für ihn gefunden worden war).

Milinsky lief mit Abstand hinter dem Umzug her, als Knochensammler sozusagen. Iana ließ sich zu ihm zurückfallen und er legte ihr den Flachmann ans Herz. »Schon wieder eine gefallen.«

Iana nahm einen Schluck, wischte sich mit dem Handrücken den Mund ab und drohte: »Ich pflanze ihr ’ne Brombeere aufs Grab, die kriegt keiner weg.«

Fünfzig Meter vor ihnen bellte Ernesto die Sargträger an.

*

Iana hatte den Rucksack gepackt. Sie traf sich mit den anderen im Park. Der Vollmond ließ sibyllinische Silberschleier auf sie regnen und sie tranken billigen Sekt auf ihre werte Freundin und Genossin. Eliza schaute verloren drein und Pines schöne Augen waren traurig. Der Ziegenbärtige zwirbelte bedrückt in seinem Bart und Terrie erzählte seine Anekdote von einer hochnotpeinlich berührten Rubi, die nach dem Klo fragte und alle lachten mit schwerem Herzen.

Conchita ließ eine Geschichte vom Schlachthof vom Stapel und sie stießen noch vehementer auf sie an.

Iana trat ihre Zigarette aus.

»Ok, let's go.«

Sie schüttelte die Dose und das Klackern der Metallkugel war lauter als ihr lieb war. Pine hielt mit latexbekleideten Händen die Schablone fest und schnell war das nächste Bild an eine Wand gesprüht.

Sie traten einen Schritt zurück und betrachteten andächtig ihr Werk. Das Graffiti zeigte eine Vergrößerung von Rubis Krötenzeichnung, die sie Iana in einem anderen Leben an die Tür gepinnt hatte. Das Bild wurde von Schriftzügen gerahmt. Am oberen Rand prangte ein anklagendes *one more taken by the system* und unter der Unke stand der Name einer unlängst ausgestorbenen Harlekinkröte, *Atelopus longirostris* (Lebend-Frosch-Schwangerschaftstests, die amphibische Fleisch- und Haustierindustrie und Chytridiomycosis waren zu viel für die Art gewesen und so hatte sie sich für immer verabschiedet. Es ging alles vor die Hunde). Das Graffiti war zu ihrer beider Ehren und ihre Freunde würden es an so viele Häuserwände schmieren, wie diese Nacht erlauben würde.

Conchita und Eliza standen Schmiere, während Pine und Iana zur nächsten Ecke huschten und der Welt den farbenfrohen Mittelfinger zeigten.

Iana drückte das Köpfchen der Sprühdose und musste Rubis Entscheidung hinnehmen, ihr blieb nichts anderes und doch ging es nicht. Das Bild manifestierte sich auf dem Putz und Iana beanstandete stur: »Ich will es nicht glauben.«

»Ist doch gut, wenn du es nicht aushältst«, sagte Pine und zog das Stencil, das vor Farbe klebte, von der Wand. »Es ist dein Treueschwur zu den Versprechen der Revolution.«

»Trauerschwur, meinst du«, lächelte Iana unter Tränen und wischte sich den Rotz am Jackenärmel ab.

»Oder so«, schmunzelte Pine und gab ihr einen Kuss.

»Das ist doch völlig geisteskrank, was wir uns vom Kapitalismus alles niedermetzeln lassen. Die Gesellschaft ist kaputt, Individuen sind kaputt, Planet ist kaputt. Worauf warten wir alle?«, und Iana meinte nicht nur ihre nächtliche Exkursionstruppe damit, sondern die gesamte menschliche Rotte. »Die Katastrophe kommt nicht, sie ist da. Es fällt alles auseinander. Da muss man sich doch mal entscheiden, wo man stehen will!«

»Du bist wieder so sauer«, mahnte Pine liebevoll und nicht ganz ernst.

»Natürlich bin ich sauer! Ich brenn die ganze Scheiße hier nieder«, schrie sie in die Nacht und trat eine Straßenlaterne aus, dass ihr der Fuß weh tat. Eliza kam besorgt um die Ecke gerannt.

»Was ist denn los?«

Conchita lugte ums andere Eck und flüsterte laut: »Wozu halte ich denn hier Wache, wenn du schreist, als würde der Krieg losgehen?«

»Wir haben keine Angst vor Ruinen«, sagte Pine und in ihren schwarz gerahmten Augen lag alle Wahrheit der Welt.

Ihr Universum kannte keine Herren und sie verzichteten gern auf alle Gelöbnisse der Ewigkeit. Kein Sieg und keine Niederlage war endgültig. Der Mensch konnte nicht gewinnen, er konnte nur kämpfen, darin lag seine Freiheit.

Iana zog die Nase hoch und trug das alte Skript der Zukunft weiter vor: »Denn hier in unseren Herzen tragen wir eine neue Welt. Und diese Welt wächst in diesem Augenblick.«

*

Sie saßen in ihren dunklen Bäumen und sagten nicht viel, das Unterholz nuschelte geheimnisvoll vor sich hin. Sie waren nicht viele, kaum zwanzig. Doch die, die hier waren, meinten es so ernst, dass sich ihnen die Augen zusammenkniffen. Es würde weh tun und sie würden die Schlacht verlieren, das wussten sie. Die Staatsorgane hatten kein Geheimnis daraus gemacht, den Protest meucheln zu wollen und ihre Absichten noch schmissig hinausposaunt. Die Medienwelle war abgeflaut, man sorgte sich jetzt wieder um anderes (nämlich um Sozialschmarotzer und um den Skandal im Vorstand einer großen Bank. Auch der Fernsehmoderator war in seiner Finca auf Ibiza und hegte ganz unbestürzt seine Rosensträucher).

Der Polizeichef hatte sich Rückendeckung von der Politik versprechen lassen. Diesmal gab es kein Pardon. Dem Spuk im Wald musste ein Ende gesetzt werden. Alle Naturliebe war bei so viel Aufmüpfigkeit hinfällig, so viel war klar.

Der Advocatus Diaboli war geimpft und sie machten sich bereit fürs Gefecht. Das Rauchfackelarsenal war nicht zur Gänze aufgestockt, stattdessen hatte Conchita einen Beutel voll Laserpointer mitgebracht. Zigaretten und Schnittchen wurden kameradschaftlich geteilt, Mario händigte Äpfel aus. Auf Rationierung mussten sie bei der Zubereitung ihrer eigenen Henkersmahlzeit bestimmt nicht achten. Die

Holzbretter knarzten unter ihren angespannten Leibern und für nichts hätten sie den morschen, wurmstichigen Boden für kalt glänzende Marmorplatten in einem Palast getauscht. Sie lebten in vollen Zügen, hassten den Tod und waren glücklich dabei; bereit für das, was kam. Alles, was sie brauchten, war die Revolution, so einfach war das. Der Mond zeigte seine Krater vor und die Waldbesetzer warteten artig.

Iana kaute auf ihrem Apfel und dachte an Rubi. Daran, wie sie sich kauzig gefreut hatte, dass sie ihr beim Stehlen der Amphibien helfen durfte (sie hatte nicht weniger fehl am Platz gewirkt als das alberne Pappmaché-Äffchen und genauso stupide dreingeschaut), an ihren überstürzten Einzug in den Wald und daran, was die dürre Schrulle ihr über Käfer beigebracht hatte: Beim Schlupf platzte die Puppenhülle auf und dann kroch er heraus, der fertige Vollkerf, so blieb er dann für immer. Anfangs sind sie noch ganz weich, es brauchte seine Zeit, bis ihr Panzer ausgehärtet war.

Iana spuckte einen Kern aus. Rubis Schutzschild hatte auch keine Zeit gehabt, sich zu bilden. Mit Karacho war sie in all dies hinein- und aus ihrem alten Leben herausgestürzt, das Kartenhaus war röchelnd über ihr zusammengebrochen. All die Gespinster und Gespenster, das Schauspiel einer funktionalen Gesellschaft und Familie, das unerreichbare Trugbild von Sinn und die Mär von einem Platz für sie. Es war Mord. Die Illusionen hatten sie getötet, sie voller Spott und Hohn zerquetscht und zertrampelt, während sie das gleiche mit dem Planeten taten.

Milinsky knetete im Vorbeigehen Ianas Schulter und setzte sich ihr dann gegenüber. Auf der engen Plattform berührten sich ihre stahlbekappten Füße.

»Ich glaube, heute gibt's richtig auf die Fresse«, sagte er sorglos und sein Blick schlenderte über das umstehende schattige Geäst.

»Hast du Angst?«, fragte Iana und hatte dabei nicht nur die Polizeiraufe, sondern vor allem seine Ausweisung im Sinn.

Milinsky drehte den zerkratzen Motorradhelm in seinen Händen. »Sie haben uns so viel genommen, dass sie uns die Angst genommen haben.«

Er schenkte ihr ein kleines Lächeln und brauchte seine vergangenen Kämpfe nicht zu vergessen. Seine Überzeugung kam aus der Zukunft. Die Dystopie, die sie umgab, war belanglos, sie würden die Trümmer mit Neuem bepflanzen.

Die Polizeisirenen heulten grell durch die Nacht und die Hundertschaft rückte mit schweren Stiefeln durch den Wald, von dem keiner wissen wollte, ob er sich denn auch für abkömmlich hielt. Mit Mensch und Maus, auch wenn es nicht viele waren, standen sie auf ihrem luftigen Wehr.

»Ihr faschistischen Schergen«, lispelte Eliza und zog sich die Gasmaske über ihr Haargestrüpp.

Pine nahm Ianas Hand und sagte kaum hörbar: »Los geht die wilde Luzy.«

Sie kamen mit schwerem Gerät und Gummigeschossen. Die erste Hebebühne wurde in Position gebracht und die Polizisten pöbelten in ihrer gewaltigen Neutralität.

»Wir kriegen euch schon!«

»Halt die Fresse, Bulle!«

»ZUGRIFF!«

Tränengasgranaten flogen in die Bäume und Milinsky schleuderte die, die oben ankamen, unverzüglich zurück. Das grüne Strahlen der Laserpointer zeigte sich im Rauch und zerschnitt die reizende Luft, bevor es die Spießgesellen und Kameras der Bereitschaft blendete. Max zog sich sein Tuch enger um Mund und Nase und filmte den Angriff. Die dicke Eiche wurde gestürmt, doch die Bewohner hingen drei Meter weiter oben in den Ästen.

»Runterkommen!«, krächzte ein vom Staat Geschickter, erntete Gelächter aus der Krone und Ratten-Mandy entfachte das bengalische Feuer.

»Respect existence or expect resistance!«, lärmte Terrie brachial, drehte sich in seinem Harnes wie ein Kokon am klebrigen Faden und pisste auf die Räumungslustigen unter ihm.

Ihr Forst war in begieriger Unrast und die Lerche gab erbost ihren Senf dazu, bevor sie sich einen besseren Zweig suchte.

Der Mond schien hell und lag wie eine quecksilberne Rüstung auf Iana. Sie hatten gewählt, sie hatten genug von dem Theater. Jubelnd rissen sie den schweren Vorhang der Travestie herunter, brannten ihn ab und tanzten auf den verkohlten Resten. Sie unterbrachen die niederträchtige Vorstellung und zogen den insolenten Komparsen die Masken ab, spuckten ihnen in die entstellten Fratzen, die darunter lagen. Brutal schlugen sie den illusorischen Frevel nieder.

Der Verlust der Schimäre brachte nicht weniger als den Gewinn der Utopie. Die einzige Freiheit, die sie nie haben würden, war Unsterblichkeit.

Ruppig wurden die ersten Festnahmen gemacht. Während blutüberströmte Menschen über den Waldboden gezerrt wurden, unterhielt sich der Einsatzleiter etwas abseits des Geschehens mit dem Forstwirt über die fehlende Bausicherheit der Baumhäuser.

Der Anwalt schrie dem Festgenommenen zu: »Ruf deinen Namen!«, um den Überblick in den rumpelnden Wirren zu behalten.

Pine kicherte galgenhumorig: »Mondenkind.«

Iana lachte laut, der Bagger zerschlug mit seiner Schaufel das kleine Baumhaus neben dem Traubenholunder, den die Vögel so sehr liebten. Die Hebebühne fuhr ihren Baum an.

»Wir sind als nächste dran«, sprach Eliza das Offensichtliche aus.

Milinsky nickte ihnen stumm zu und rückte seinen Helm zurecht. Die hydraulische Maschine bugsierte ihnen ratternd und scheppernd den ruppigen Trupp entgegen. Die schlagkräftigen Büttel beratschlagten sich ans Geländer gelehnt und trugen ihre Waffen als Meinungsverstärker offen. Einer scharrte mit den Füßen, der andere ballte seine Fäuste. Der Mond spiegelte sich in ihren Helmen, auch wenn er viel zu schade dafür war. Sicherheitshalber warfen sie noch zwei Tränengasgranaten in das Haus, während das Blaulicht flackerte wie eine überempfindliche Filmvorführung und aggressiv ins Megaphon geschrien wurde. Heute Nacht gab es kein Vertun.

Iana glaubte zu spüren, wie sich ihre Pupillen verengten und ein zartes Lächeln liebkoste ihr Gesicht. Sie schluckte. Es war, wie sich zu verlieben. Man wusste nicht, was geschehen würde. Und so ließ die vollends Betörte alle denkbaren Ängste hinter sich. Furcht wich von Herzen, die kämpften oder liebten.

Ihr Rücken war kerzengerade, die Schultern zurückgezogen, die Brust, nein das Herz, rausgestreckt. Sie trat an den Rand der Plattform, an die Frontlinie – für ihren Kampf, für den Wald, für Rubi.

Milinsky stieß einen Kampfesschrei aus und Pine reckte die Faust in die fiebrige Nacht. Sie alle jagten dem Unmöglichen hinterher, genau wie Liebende es taten. Es lag ein gleißendes Drängen in der Liebe und im Kampf. Man gab sein ganzes Selbst. Und Iana warf den ersten Stein.

*

Während Rubis Körper sich unter zwei Metern Erdreich stetig zersetzte (die gärenden Gase pressten ihr die Augen aus den Höhlen und die aufgequollene Zunge hing wider jeder Etikette aus ihrem Mund; die meisten der Organe hatten sich inzwischen verflüssigt und wurden munter von Pilzen und Bakterien besiedelt), kroch an einem anderen Ende der Welt ein aparter Tokee aus seinem Ei.

Der Geckobursche war sich darüber nicht bewusst, dass in seiner Embryonalphase etwas gewaltig schiefgelaufen war (ja, auch ihn hatte man weder informiert, noch seine Meinung eingeholt). Im Laufe der Zellteilung war es zu einem unplanmäßigen Wirrsal seiner DNA gekommen und ein Stück des Säurestrangs war unwiederbringlich verloren gegangen. So schnell wurde man zum Mutanten.

Wohl hatte er noch den hübschen weiß-auf-dunkelblau gebänderten Schwanz, doch an keiner Stelle seines Körpers war das prägnante Muster roter und blauer Flecken zu sehen, das für seine Art als typisch galt.

Nun huschte der jüngst Geschlüpfte herum, wie all die anderen auch, nur war er weniger prächtig und protzig dabei. Gänzlich von Eitelkeiten verschont, blähte er seine Echsenkehle unter raschen Atemzügen.

Ebenfalls entzog sich seiner Kenntnis, dass er seine Überlebenschancen durch sein ungewöhnlich bescheidenes Aussehen drastisch gesteigert hatte und womöglich die seiner ganzen Art (millionenfach fing man die schmucken Schuppenkriechtiere ein. Nicht nur im exotischen Tierhandel, auch bei Vermittlern von medizinischen Elixieren erfreuten sie sich großer Nachfrage – besonders viel Anklang fand der Gecko als Ge Jie, aufgeweicht in Likör mit einem Quäntchen Ginseng und Goji-Beeren). Wenn ein paar Artverwandte es ihm gleichtun würden – ach was! Eine Dame wäre schon völlig ausreichend –, dann könnten sie ihrer Ausrottung vielleicht doch noch ein Schnippchen schlagen.

Es war gut möglich, dass die anderen Vertreter des *Gekko gecko* ihn belächeln, ausstoßen oder gar nicht erst erkennen würden. Aber ohne den oberflächlichen Prunk würde unser Spezimen nicht damit enden, in einer mystischen Suppe zu köcheln oder in einen temperierten Käfig gesperrt zu sein.

All das wusste der junge Tokee jedoch nicht und vollendete damit nur seine Perfektion. Wäre er fähig gewesen, sich zu solch lächerlichen Gedanken herabzulassen, würde er behaupten, er sei im Zen.

Dem Gecko war es gleich, ob andere eine ähnliche Veränderung durchmachten, da ein solcher Gedanke weder einen Sinn noch Konsequenzen für ihn barg. Seine Verwandlung aus dem tiefsten Nukleus heraus vollzog sich ohne Zutun und Segen derer, denen er gleich sein sollte. Er war schlichtweg anders.

Probieren Sie es aus.

Daniel Borgeldt

Schnulzenroman

Die Autobiografie des Heinrich Fraunhofer
aka Danny Silver

Was macht ein Schlagerstar, wenn er alt geworden ist und es hasst, immer die gleichen Songs zu singen? Heinrich Fraunhofer ist mittlerweile 72 und hatte in den Siebzigern unter dem Namen Danny Silver eine einzigartige Schlagerkarriere hingelegt. Mittlerweile hat die Welt ihn vergessen und eigentlich wollte er auch nie Schlager machen, sondern ernsthafte Musik. »Schnulzenroman« erzählt von gescheiterten und erfolgreichen Künstlerexistenzen, den Problemen der 68er, die nie so wie ihre Eltern werden wollten und es eben doch geworden sind, fragt nach der gesellschaftlichen Relevanz von Musik, stellt Thesen über den deutschen Schlager auf und hält am Ende fest, dass alles andere wichtig ist, nur nicht die Kunst – oder doch?

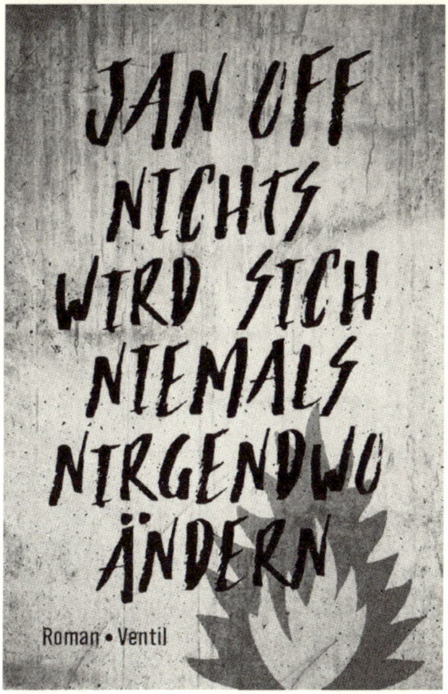

Jan Off
Nichts wird sich niemals nirgendwo ändern
Roman

Das Sterben im Mittelmeer und in der Wüste, der Rechtsruck in vielen Staaten – vier zornige junge Menschen wollen diesem Wahnsinn nicht länger zusehen und entschließen sich, die Weihnachtstanne auf der Hamburger Binnenalster in Brand zu stecken. Ein Unterfangen, das nicht nur für Herausforderungen in technischer Hinsicht sorgt, sondern auch für reichlich Diskussionsstoff in der Gruppe. Daneben regieren Eifersucht, Eitelkeit und Gier, denn natürlich unterliegen auch die Protagonisten dieses Buches dem ewigen Gesetz, das da lautet: Nichts wird sich niemals nirgendwo ändern.

Jens Rachut

Der mit der Luft schimpft

Angeschissen, Blumen am Arsch der Hölle, Dackelblut, Oma Hans, Kommando Sonne-nmilch, N.R.F.B., Alte Sau, Maulgruppe … Sicherlich nicht alle, aber doch die bekanntesten Bands von Jens Rachut. Die über 130 Texte in »Der mit der Luft schimpft«, von Jens Rachut selbst ausgewählt und mit Zeichnungen von Raoul Doré versehen, geben einen Einblick in Rachuts literarisches Können.